基于工作过程导向的"十三五"规划立体化教材

高等职业教育机电一体化及电气自动化专业教材

电工仪表与测量

主　编　殷兴光　王月爱

副主编　王　青　肖玉玲

参　编　赵　鹏　蒋文坚　李海涛

主　审　刘春雅　崔屹嵘

华中科技大学出版社

http://www.hustp.com

中国·武汉

内 容 简 介

本书是针对高职(大专)学生编写的。本书介绍了电流、电压、电阻、转速、频率、功率的测量等基本知识。通过对本书的学习,学生可以掌握电工测量的方法,以及正确选择和使用电工测量仪表的基本技能,具备电工仪表的相关知识、操作能力及团队协作精神。

本书具有以下特点。

(1) 系统性强。本书以电工常用参数电流、电压、电阻、转速、频率、功率等的测量为主线,力争使学生在应用中学习。

(2) 贴近工业实际。理论、实操与工业实际相结合,培养学生的专业技能。

(3) 内容新颖。采用的测量、维修方法及技能比较新颖,结合了当前的先进技术。

(4) 突出技能型特点。教学对象以高职学生为主,争取做到使学生学一点用一点,学以致用。

图书在版编目(CIP)数据

电工仪表与测量/殷兴光,王月爱主编.—武汉:华中科技大学出版社,2017.7(2020.1重印)

ISBN 978-7-5680-2959-9

Ⅰ.①电… Ⅱ.①殷… ②王… Ⅲ.①电工仪表-高等职业教育-教材 ②电气测量-高等职业教育-教材 Ⅳ.①TM93

中国版本图书馆 CIP 数据核字(2017)第 124456 号

电工仪表与测量   殷兴光   王月爱   主编
Diangong Yibiao yu Celiang

策划编辑:郑小羽
责任编辑:段亚萍
封面设计:孢 子
责任监印:朱 玢
出版发行:华中科技大学出版社(中国·武汉)   电话:(027)81321913
         武汉市东湖新技术开发区华工科技园   邮编:430223
录 排:武汉正风天下文化发展有限公司
印 刷:武汉华工鑫宏印务有限公司
开 本:787mm×1092mm 1/16
印 张:11.25
字 数:276 千字
版 次:2020 年 1 月第 1 版第 3 次印刷
定 价:35.00 元

　　本书按照电工测量对象的不同,介绍了电流、电压、电阻、转速、频率、功率等相关参数测量的基本知识。

　　通过对本书的学习,学生可以掌握电工测量的方法,以及正确选择和使用电工测量仪表的基本技能,具备电工仪表的相关知识、操作能力及团队协作能力。

　　本书具有以下特点。

　　(1)系统性强。本书以电工参数电流、电压、电阻、转速、频率、功率等的测量为主线,力争使学生在应用中学习。

　　(2)贴近工业实际。理论、实操与工业实际相结合,培养学生的专业技能。

　　(3)内容新颖。采用的测量、维修方法及技能比较新颖,结合了当前的先进技术。

　　(4)突出技能型特点。教学对象以高职学生为主,争取做到使学生学一点用一点,学以致用。

　　全书由陕西国防工业职业技术学院的殷兴光、王月爱老师担任主编,陕西国防工业职业技术学院的王青老师、涿州市职业技术教育中心的肖玉玲老师担任副主编,陕西国防工业职业技术学院的赵鹏、蒋文坚老师及涿州市职业技术教育中心的李海涛老师参编,陕西国防工业职业技术学院的刘春雅、崔屹嵘老师担任主审。第一章由赵鹏老师编写,第二、五章由殷兴光老师编写,第三章由肖玉玲老师编写,第四、六章由王月爱老师编写,第七、八章由王青老师编写,第九章由蒋文坚老师编写,最后由李海涛老师统稿。本书在编写过程中得到了各位编者的大力支持,各位老师在教学任务很重的情况下,放弃了休息时间,对稿件做了多次修改。同时也得到了各位同仁的帮助,在此一并表示衷心的感谢!

　　由于编者水平有限,加之时间仓促,书中难免存在不当和谬误之处,恳请有关专家和读者批评指正。编者邮箱地址为 yxgtsl@163.com,希望能与广大读者探讨有关电工测量方面的知识与体会!

编　者

2017 年 3 月

第一章

电工仪表与测量的基础知识

◀ 第一节　电工测量概述 ▶

一、测量的基本概念

测量是人类对客观事物取得数量概念的认识过程,是人们认识和改造自然的一种不可缺少的手段。在自然界中,对于任何被研究的对象,若要定量地进行评价,必须通过测量来实现。在古代,测量长度的单位大多利用人身体的某一部分。最原始的长度单位是足底长度或手指的宽度。经过漫长的历史变迁,足底长度逐渐演变成今天西方国家仍然使用的英尺(ft,1 ft≈30 cm),而手指宽度则以大拇指的宽度作为基准,演变成英寸(in,1 in≈2.54 cm)。在现代社会中,测量与工程、医学、科学实验、工业生产等有着非常密切的关系,它在人们对自然界的认识过程中起了重要的作用,许多新的发明和突破都是以实验测试为基础的。在工业生产中,就是靠准确而及时地检测生产过程中的各种有关参数来实现生产过程自动化的。

测量是通过实验对客观事物取得定量意义的过程,是一种把物理参数变换成具有意义的数字的过程,也是把被测对象与公认的标准单位进行比较的过程。所以,测量过程就是一个比较过程。测量结果可用一定的数值表示,也可以用一条曲线或某种图形表示。无论其表现形式如何,测量结果应包括两部分:一部分是数值的大小和符号(正号或负号);另一部分是相应的单位。表示测量结果时,不注明单位,该测量结果将无意义。在测量技术的发展过程中,由于技术的进步,被测对象的范畴不断扩大,出现了一些不同性质的测量过程,于是人们提出了四种不同的称呼:测量、计量、检测和测试。

在各种测量过程中,必须有一个体现测量单位的已知量,这些体现测量单位的器具在测量学中被称为量具。在实际测量时,往往只有少数量具能够直接参与比较,如测量长度用的直尺,测量液体体积用的量杯等。而在大多数场合,通常不能直接比较。特别是电测技术中,由于被测量与标准量均为电参数,因此无法直观地进行目测。若要将它们进行比较,必须采用较为复杂的方法和专门的比较设备才能完成。例如,用标准电阻来测量未知电阻时,需要借助于电桥;用标准电池测量未知电压时,需要借助于电位差计等。这些用于比较的设备称为比较仪。

由上可知,测量过程应具有三要素:一是测量单位;二是测量方法,它是将被测量与其单位进行比较的实验方法;三是测量仪器与设备,它是测量过程的具体体现与实施者,是为了求取比值(测量值)而实际使用的一些仪器设备。

二、电工测量的内容

测量技术主要研究测量原理、方法和仪器等方面的内容。其中,各种电量或磁量的测量,统称为电工测量,即将被测的电量或磁量,跟作为测量单位的同类标准电量或磁量进行比较,从而确定这个被测量的大小的过程。

由此可见,电工测量的内容是相当广泛的,主要包括下列内容。

1. 电能量的测量

电能量的测量包括电流、电压、功率、电场强度、电磁干扰和噪声等的测量。

2. 电路元器件参数的测量

电路元器件参数的测量包括电阻、电容、电感、阻抗、品质因数、介质损耗、介电常数和磁导率等的测量。

3. 电信号特性的测量

电信号特性的测量包括频率、周期、时间、相位、波形参数、脉冲参数、调制参数、频谱、失真度、信噪比和数字信号的逻辑状态等的测量。

4. 电路性能的测量

电路性能的测量包括增益、衰减、频率特性、灵敏度、分辨力、噪声系数和反射系数等的测量。

上述各种电参数中,频率、时间、电压、相位和阻抗是基本的电参量,对它们进行测量也是其他许多派生参数测量的基础。

第二节 测量误差

一、测量误差的产生

测量工作是在一定条件下进行的,外界环境、观测者的技术水平和仪器本身构造的不合理等原因,都可能导致测量误差的产生。通常把测量仪器、观测者的技术水平和外界环境三个方面综合起来,称为观测条件。观测条件不理想和不断变化,是产生测量误差的根本原因。通常把观测条件相同的各次观测,称为等精度观测;观测条件不同的各次观测,称为不等精度观测。

具体来说,测量误差主要来自以下四个方面。

(1)外界条件:主要是外界环境中气温、气压、空气湿度和清晰度、风力以及大气折光等因素的不断变化,导致测量结果中带有误差。

(2)仪器条件:仪器在加工和装配等工艺过程中,不能保证其结构满足各种几何关系,这样的仪器必然会给测量带来误差。

(3)方法:理论公式的近似限制或测量方法的不完善导致误差。

(4)观测者的自身条件:由于观测者感官鉴别能力所限以及技术熟练程度不同,也会在仪器对中、整平和瞄准等方面产生误差。

二、测量误差的基本分类

在物理实验中,对于待测物理量的测量分为两类:直接测量和间接测量。

直接测量可以用测量仪器和待测量进行比较,直接得到结果。例如用刻度尺、游标卡尺、停表、天平、直流电流表等进行的测量就是直接测量。

间接测量则是指不能直接用测量仪器把待测量的大小测出来,而要依据待测量与某几个直接测量量的函数关系求出待测量。例如重力加速度,可通过测量单摆的摆长和周期,再由单摆周期公式算出,这种类型的测量就是间接测量。

测量误差的基本分类方式有如下几种。

1. 按误差的表示方式分类

误差按照表示方式可分为绝对误差、相对误差和引用误差三种。

1) 绝对误差

绝对误差是指被测量的测得值与其真值之差,即:绝对误差=测量值-真值。绝对误差与测得值具有同一量纲。

与绝对误差大小相等、符号相反的量称为修正值,即:修正值=-绝对误差=真值-测得值。从上式可知,含有绝对误差的测得值加上修正值后就可消除绝对误差的影响。

2) 相对误差

相对误差是指绝对误差对被测量真值之比的百分率,即相对误差可以比较确切地反映测量的准确程度。例如,用两台频率计数器分别测量准确频率分别为 $f_1=1000$ Hz 和 $f_2=1\,000\,000$ Hz 的信号源,其绝对误差分别为 $\Delta f_1=1$ Hz 和 $\Delta f_2=10$ Hz。尽管 Δf_2 大于 Δf_1,但并不能因此而得出对 f_1 的测量较 f_2 的准确的结论。经计算,测量 f_1 的相对误差为 0.1%,而测量 f_2 的相对误差为 0.001%,后者的测量准确程度高于前者的。相对误差又叫相对真误差。

3) 引用误差

引用误差是一种简化的和实用的相对误差,常在多挡量程和连续分度的仪器、仪表中应用。在这类仪器、仪表中,为了计算和划分仪表准确度等级的方便,一律取该仪器的量程或测量范围的上限值作为计算相对误差的分母,并将其结果称为引用误差。如常用的电工仪表分为 0.1,0.2,0.5,1.0,1.5,2.5 和 5.0 七级,就是用引用误差表示的,如 1.0 级,表示引用误差不超过 $\pm1.0\%$。

2. 按误差的性质和特点分类

误差按照性质和特点可分为系统误差、随机误差和粗大误差三大类。

1) 系统误差

系统误差是指在相同条件下多次测量同一量时,误差的符号保持恒定,或在条件改变时按某种确定的规律而变化的误差。所谓确定的规律,是指这种误差可以归结为某一个因素或几个因素的函数,一般可用解析公式、曲线或数表来表达。

造成系统误差的原因有很多,常见的原因有:测量设备有缺陷,测量仪器不准,测量仪表的安装、放置和使用不当等;测量环境变化,如温度、湿度、电源电压变化,以及周围电磁场的影响等;测量方法不完善,所依据的理论不严密或采用了某些近似公式等。系统误差具有一定的规律性,可以根据系统误差产生的原因采取一定的技术措施,设法消除或减弱它。

2)随机误差

随机误差是指在实际相同条件下,多次测量同一量时,误差的绝对值和符号以不可预测的方式变化的误差。随机误差主要是由那些对测量值影响微小,又互不相关的多种随机因素共同造成的,例如热骚动、噪声干扰、电磁场的微变、空气扰动、大地微振等。一次测量的随机误差没有规律,不可预测,不能控制也不能用实验的方法加以消除。但是,随机误差在足够多次测量时总体上服从统计的规律。

随机误差的特点是:在多次测量中,随机误差的绝对值实际上不会超过一定的界限,即随机误差具有有界性;众多随机误差之和有正负相消的机会,随着测量次数的增加,随机误差的算术平均值愈来愈小并以零为极限,因此,多次测量的平均值的随机误差比单个测量值的随机误差小,即随机误差具有抵偿性。

由于随机误差的变化不能预测,因此,这类误差也不能修正。但是,可以通过多次测量取平均值的办法来削弱随机误差对测量结果的影响。

3)粗大误差

超出在规定条件下预期的误差叫粗大误差。也就是说,在一定的测量条件下,测量结果明显地偏离了真值。读数错误、测量方法错误、测量仪器有严重缺陷等原因,都会导致产生粗大误差。粗大误差明显地歪曲了测量结果,应予剔除,对应于粗大误差的测量结果称为异常数据或坏值。

所以,在进行误差分析时要估计的误差通常只有系统误差和随机误差两类。

三、减小测量误差的方法

在测量中误差是不可避免的,测量时除了根据误差的来源采用相应方法减小测量误差外,还可采取某些措施将误差控制在最小范围内以至于基本消除。

1. 系统误差的消除

（1）替代法:将被测量与标准量在测量仪表的正常工作状态下,先后以替代法接入同一装置,在读数不变的情况,以标准量来确定被测量。例如,用电桥测电阻时用标准电阻替代被测电阻。

（2）正负消去法:实验者有意对一个量重复测量两次,使第一次的测量误差为正,第二次的测量误差为负,然后取两次测量的平均值,则测量结果与系统误差无关。例如,为了消除恒定外磁场对仪表造成的系统误差,第一次测量和第二次测量时,仪表位置相差180°,这样取两次测量的平均值就消除了外磁场对仪表内磁场的影响。

（3）引入修正值:常用仪表经过检定,测出标度尺每一刻度点的绝对误差,列成表格或作出曲线,则在使用该仪表时,可根据示值和该示值的修正值求出被测量的实际值,这样就可消除由于测量工具引起的系统误差。

除此以外,在测量之前,要仔细检查全部量具和仪表的安装及调整情况;合理选择配线方式,防止测量工具互相干扰;选好观测位置,消除视差;避免外界条件产生急剧变化,以消除产生系统误差的来源。

2. 随机误差的消除

随机误差不能用实验的方法加以检查和消除。根据随机误差的来源,应该尽可能多次

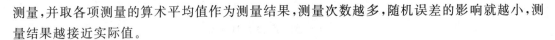

测量,并取各项测量的算术平均值作为测量结果,测量次数越多,随机误差的影响就越小,测量结果越接近实际值。

3．粗大误差的消除

一般采用剔除坏值的方法来消除粗大误差,即发现测量过程中因读错、记错而出现读数突然跳变时,及时剔除、重测,直到完全合乎要求为止。这样不但防止了粗大误差,而且也保证了测量的质量和速度。为此,在测量时应细心和耐心。此外,对同一量进行多次测量时,用统计的方法可发现和剔除坏值。

◀ 第三节 仪表的误差及准确度 ▶

任何测量都不可能绝对准确,都存在误差,只要误差在允许范围内即可认为符合标准,自动检测技术也不例外。下面介绍有关测量的部分名词。

（1）真值：被测量本身所具有的真正值称为真值。量的真值是一个理想的概念,一般是未知的。但在某些特定情况下,真值又是可知的,如一个整圆的圆周角为 $360°$。

（2）约定真值：由于真值往往是未知的,所以一般用基准器的量值来代替真值,称为约定真值,它与真值之差可以忽略不计。

（3）实际值。误差理论指出,在排除了系统误差的前提下,对于精确测量,当测量次数为无限多时,测量结果的算术平均值接近于真值,因而可将它视为被测量的真值。但是测量次数是有限的,故按有限测量次数得到的算术平均值只是统计平均值的近似值。而且由于系统误差不可能完全被排除掉,故通常只能把精度更高一级的标准器具所测得的值作为"真值"。为了强调它并非真正的"真值",故把它称为实际值。

（4）标称值：测量器具上所标出来的数值。

（5）示值：由测量器具读数装置所指示出来的被测量的数值。

（6）测量误差：用器具进行测量时,所测量出来的数值与被测量的实际值之间的差值。

在测量仪表中由不同因素产生的误差是混合在一起同时出现的。为了便于分析研究测量误差的性质、特点和消除方法,下面将对各种误差进行分类讨论。

1．绝对误差

绝对误差 Δ 是指测量值 A_X 与约定真值 A_0 的差值。即 $\Delta = A_X - A_0$。在计量中常使用修正值 α,$\alpha = A_0 - A_X = -\Delta$。只要得到修正值 α、测量值 A_X,便可得知约定真值 A_0。

2．相对误差

相对误差是针对绝对误差有时不足以反映测量值偏离约定真值的程度而设定的,在实际测量中相对误差有下列几种表示形式。

（1）实际相对误差：实际相对误差 γ_A 用绝对误差 Δ 与约定真值 A_0 的百分比表示,即

$$\gamma_A = \pm (\Delta / A_0) \times 100\% \tag{1-1}$$

式中,γ_A 为实际相对误差,一般用百分数表示;Δ 为绝对误差;A_0 为约定真值。

（2）标称相对误差：标称相对误差 γ_X 用绝对误差 Δ 与测量值 A_X 的百分比表示,即

$$\gamma_X = \pm (\Delta / A_X) \times 100\% \tag{1-2}$$

（3）满度相对（或引用）误差：仪表的满度相对误差 γ_m 是指仪表各指示值中最大绝对误

差 Δ_m 与仪表满度值 A_m 之比的百分数,即

$$\gamma_m = \pm(\Delta_m/A_m) \times 100\%$$

(1-3)

常以仪表的满度相对误差 γ_m 表示仪表的准确度。

国际规定仪表的准确度等级有七级,分别是 0.1,0.2,0.5,1.0,1.5,2.5,5.0。

【例 1-1】 今有 0.5 级的量程为 0 ℃~300 ℃和 1.0 级的量程为 0 ℃~100 ℃两个温度计,要测 80 ℃的温度,试问采用哪一个温度计好?

【解】 用 0.5 级仪表测量时,最大标称相对误差为

$$\gamma_X = \pm(\Delta_m/A_X) \times 100\% = \pm(\gamma_m \times A_m/A_X) \times 100\%$$
$$= \pm 0.5\% \times 300/80 \times 100\% = \pm 1.875\%$$

用 1.0 级仪表测量时,最大标称相对误差为

$$\gamma_X = \pm(\Delta_m/A_X) \times 100\% = \pm(\gamma_m \times A_m/A_X) \times 100\%$$
$$= \pm 1.0\% \times 100/80 \times 100\% = \pm 1.25\%$$

显然,本例中用 1.0 级仪表比用 0.5 级仪表更合适。因此,在选用仪表时应兼顾准确度等级和量程。

第四节　测量结果的处理

测量结果的处理就是对测量数据进行整理、计算、分析,从而去粗取精,去伪存真,最终的测量结果通常用数字或曲线图形表示。对测量数据的处理一般从以下两个方面做简单的分析。

1. 实验中有较大误差的数据应剔除

在多个测试数据中,常常有一些数据明显地歪曲了测量结果,产生这种数据一般有两个方面的原因:一方面是实验者和测量条件方面的原因,如实验中粗心、读错、记错或算错数据,使用了有问题的仪器设备等;另一方面的原因是由测量规律所决定的,在测量中总会有较大的随机误差出现。后者一般是不能避免的,测量数据中含有明显的较大误差的数据应剔除。

2. 有效数字及舍入

通常规定测量数据所含误差的大小不得超过末位数字单位的一半,按此规律表示的测量数据即近似值。从它的第一个非零数字起,到最后一位数字为止,称为有效数字。有效数字的末位是欠准数字,而除末位外的其他各位数字是可靠数字。

根据所需的有效数字的位数,需对测量数据进行舍入,规则如下。

(1) 当要舍去的最高位上的数字大于或等于 5 时,所取有效数字的末位数应进 1。

(2) 当要舍去的最高位上的数字小于 5 时,所取有效数字的末位数不变。

一般在剔除有较大误差的数据后,取几组测量数据的算术平均值作为测量结果。

第五节　电工仪表的基础知识

一、电工仪表的分类

电工测量的主要对象有电流、电压、功率、电能、相位、频率、功率因数、电阻和电容等电

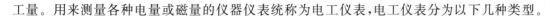

工量。用来测量各种电量或磁量的仪器仪表统称为电工仪表,电工仪表分为以下几种类型。

1. 指示式仪表

在电工测量领域,指示式仪表规格种类繁多,应用极为广泛。各种交直流电压表、电流表和万用表等大多数为指示式仪表。指示式仪表的特点是:将被测量的电量转换为驱动仪表可动部分偏转的转动力矩,以指针偏转角的大小反映被测量的大小,操作者可以从标度尺直接读数。因此,指示式仪表是一种直读式仪表,也称电气机械式仪表。电工指示仪表可以根据工作原理、被测量、工作电流性质、使用方法、准确度等级和使用条件等进行分类。

(1)按工作原理可分为磁电系、电磁系、电动系、铁磁电动系、感应系、静电系和整流系等类型。

(2)按被测电工量可分为电流表、电压表、功率表、瓦时计、功率因数表、频率表和绝缘电阻表等类型。

(3)按工作电流性质可分为直流仪表、交流仪表和交直流两用仪表。

(4)按使用方法可分为安装式和便携式仪表。安装式仪表是固定安装在开关板或电气设备面板上的仪表,又可称为面板式仪表,广泛用于供电系统的运行监视和测量;便携式仪表是可以携带和移动的仪表,其精度较高,广泛用于电气试验、精密测量及仪表检定中。

(5)按准确度等级可分为0.1,0.2,0.5,1.0,1.5,2.5,5.0等7个准确度等级类型的仪表。

(6)按使用条件可分为A、B、C三组仪表。在相对湿度为85%的条件下使用时,A组仪表的使用温度范围为0 ℃～40 ℃,B组仪表的为−20 ℃～50 ℃,C组仪表的则为−40 ℃～60 ℃。

2. 比较式仪表

比较式仪表用于比较法测量中。直流比较式仪表有直流电桥、电位差计等。交流比较式仪表有交流电桥等。

3. 数字式仪表和巡回检测装置

数字式仪表是采用数字测量技术,并以数码形式直接显示被测量值的仪表。数字式仪表通过模/数(A/D)转换器可以测量随时间连续变化的模拟量(如电压、温度、压力等),也可以测量随时间断续跃变的数字量。其结果可以以数码形式直接显示,也可以以编码形式送往计算机进行数据处理,为实现智能化控制提供了有利条件。数字式仪表具有灵敏度和准确度高、显示清晰直观、功能齐全、性能稳定、过载能力强等特点。常用的数字式仪表有数字电压表、数字万用表、数字频率表和数字电容表等。

数字式仪表加上遥测系统就构成了巡回检测装置,可以实现对多种被测量的远距离测量,巡回检测装置在近年来得到了迅速的发展和广泛的应用。

4. 记录仪表和示波器

记录被测量随时间变化情况的仪表,称为记录仪表。发电厂常用的自动记录电压表、频率表以及自动记录功率表都属于这类仪表。当被测量变化很快,来不及笔录时,常用示波器来观察。电工仪表中的电磁示波器和电子示波器不同,它是将振子在电量作用下的振动,经过特殊的光学系统以波形来显示的。

5. 扩大量程装置和变换器

用以实现同一电量的变换，并能扩大仪表量程的装置，称为扩大量程装置，如分流器、附加电阻、电流互感器、电压互感器等。用来实现不同电量之间的变换，或将非电量转换为电量的装置，称为变换器。在各种非电量的电测量和变换器式仪表中，变换器都是必不可少的。

二、电工仪表的图形符号

不同类型的电工仪表，具有不同的技术特性。为了便于选择和使用仪表，通常把这些技术特性用不同的符号标示在仪表的刻度盘或面板上。根据国家标准的规定，每只仪表应有测量对象单位、准确度等级、工作原理系别、使用条件组别、工作位置、绝缘强度试验电压和仪表类型等标识。使用时，必须首先看清各种标识，以确定该仪表是否符合测量要求。各类电工仪表的相关符号如表 1-1 所示，各类电源、端钮、元器件等电工仪表设备附件的符号如表 1-2 所示。

表 1-1　各类电工仪表的相关符号

名　称	符　号	名　称	符　号
磁电系仪表		静电系仪表	
磁电系比率表		整流系仪表	
电磁系仪表		热电系仪表	
电磁系比率表		以标度尺上量程百分数表示的准确度等级（如 1.5 级）	1.5
电动系仪表		以标度尺长度百分数表示的准确度等级（如 1.5 级）	
电动系比率表		以指示值百分数表示的准确度等级（如 1.5 级）	
铁磁电动系仪表		标度尺位置为垂直位置	
铁磁电动系比率表		标度尺位置为水平位置	

名　称	符　号	名　称	符　号
感应系仪表		标度尺位置倾斜与水平面成一角度（如 60°）	
不进行绝缘强度试验		Ⅲ级防外磁场及外电场	
绝缘强度试验电压为 2 kV		Ⅳ级防外磁场及外电场	
Ⅰ级防外磁场（磁电系）		A组仪表	
Ⅰ级防外电场（静电系）		B组仪表	
Ⅱ级防外磁场及外电场		C组仪表	

表 1-2　各类电源、端钮、元器件等电工仪表设备附件的符号

名　称	符　号	名　称	符　号
直流电源		公共端钮	
交流（单相）电源		与屏蔽相连接的端钮	
直流和交流电源		调零器	
具有单元件三相平衡负载的交流电源		一般接地	
正端钮		保护接地	

名　称	符　号	名　称	符　号
抗干扰接地		可变电容器	
机壳或接地板		二极管	
电阻器		变容二极管	
可变电阻器		电流互感器、脉冲变压器	
熔断电阻器		电压互感器	
滑线式变阻器		电感器	
电容器		自耦变压器	
穿心电容器		熔断器	
极性电容器		电源	

三、电工仪表的选择

1. 仪表类型的选择

根据被测量是直流量还是交流量,相应地选用直流仪表或交流仪表。测量直流量时,广泛采用磁电系仪表,因为磁电系仪表的准确度和灵敏度都比较高。测量交流量时,应区分是正弦波还是非正弦波。如果是正弦波电流(或电压),只需测出其有效值,即可换算出其他数值,采用任何一种交流电流表(或电压表)均可进行测量。如果是非正弦波电流(或电压),则应区分是测量有效值、平均值还是瞬时值、最大值。其中,有效值可用电磁式或电动式电流表(或电压表)测量;平均值用整流式仪表测量;用示波器或其他方法获取图形,然后对图形进行分析可求出各点的瞬时值及最大值。

测量交流量时,还应当考虑被测量的频率。一般电磁系、电动系和感应系仪表,应用频率范围较窄,但特殊设计的电动式仪表可用于中频(5000～8000 Hz)测量,整流式万用表的应用频率一般在45～1000 Hz范围内,有的可达5000 Hz(如MF10型)。

2. 仪表准确度的选择

如前所述,仪表准确度等级越高,其基本误差就越小,测量误差也就越小。然而仪表的准确度等级越高,价格也越贵,使用条件要求也越严格。因此,仪表准确度的选择要从实际需要出发,兼顾经济性,不可片面追求高准确度。

通常准确度等级为0.1,0.2级的仪表作为标准仪表(校用表)或精密测量仪表用;0.5,1.0级的仪表用于电气工作实验;1.5,2.5级等的仪表用于一般测量。安装式仪表,其交流仪表的准确度等级应不低于2.5级,直流仪表的准确度等级应不低于1.5级。与仪表配合使用的附加装置,如分流器、附加电阻器、电流互感器、电压互感器等的准确度应不低于0.5级。如果仅作电压或电流测量用的1.5级或2.5级的仪表,允许使用1.0级的互感器;对非重要回路的2.5级的电流表,允许使用3.0级的电流互感器;但电能计量用的电流互感器应不低于0.5级。

3. 仪表量程的选择

合理选择仪表的量程,可以得到准确度相对较高的测量结果。一些指示式仪表(如1T1型仪表)的标度尺上用一黑点来区别标度尺的工作部分和非有效部分。这个黑色圆点称为"有效分度起点",简称"有效点",如图1-1所示。其有效点以上,即量程的20%～100%范围内为工作部分,它符合准确度的等级要求。有效点以下,即量程的20%以下为非有效部分,它满足不了该仪表的准确度等级要求。

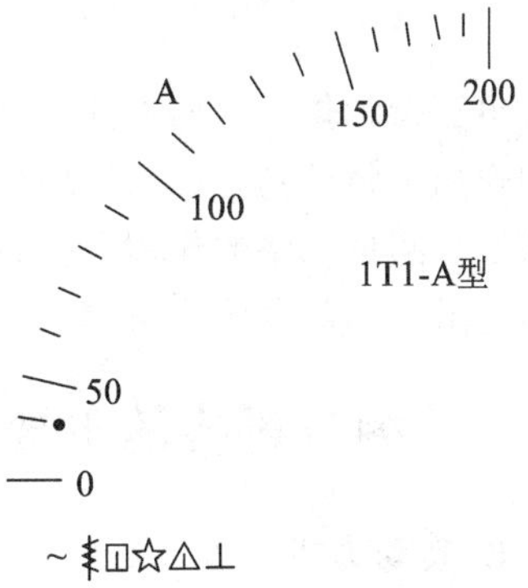

由例1-1可知,选择仪表的量程时,测量值越接近量程,则其相对误差越小。所以,在选用仪表时,应当根据测量值来选择仪表的量程,尽量使测量的示值范围为仪表量程的2/3以上的一段。例如,测量380 V

图1-1　1T1-A型仪表标度尺上的有效点

电压时,应选用量程为450 V的电压表;测量220 V相电压时,则应选用量程为250 V的电压表。另外,在选择电流表时,不能只考虑负荷电流的大小,还应考虑到起动电流,否则会损坏仪表。

4. 仪表内阻的选择

选择仪表时还应根据被测阻抗的大小来选择仪表的内阻,否则会给测量结果带来较大的测量误差。内阻的大小反映了仪表本身功率的消耗,为了使仪表接入测量电路后,不至于改变原来电路的工作状态,并能减小仪表的损耗功率,要求电压表或功率表并联线圈的电阻尽量大些,并且量程越大,电压表的内阻也应越大。对于电流表或功率表串联线圈的电阻,则应尽量小,并且量程越大,内阻应越小。

5. 仪表工作条件的选择

选择仪表时,应充分考虑仪表的使用场所和工作条件。例如,安装在开关板上或控制柜中的仪表,可选用 1T1 型、42 型、44 型或 59 型,实验室一般选用便携式单量程或多量程的专用仪表。

另外,还应根据仪表使用环境的温度、湿度及外电场、外磁场等影响因素,选择相应使用条件组别的仪表。对于其外壳防护性能的选择,一般情况下可采用普通式外壳。通常在仪表标度盘上或说明书上没有标注使用条件组别的仪表,即为普通式和 A 组仪表。

6. 仪表绝缘强度的选择

为保证测量时的人身安全,防止测量时损坏仪表,在选择仪表时,还应注意被测量的大小及被测电路电压的高低,以选择相应绝缘强度的仪表及附加装置。仪表的绝缘强度在仪表的标度盘上用"☆"标注,详见表 1-1。

总之,在选择仪表的过程中,必须有全局观念,不可盲目追求仪表的某一项指标,对仪表的类型、准确度、内阻、量程等,既要根据测量的具体要求进行选择,也要统筹考虑。特别是要着重考虑引起较大测量误差的因素,还应考虑仪表的使用环境和工作条件。此外,在选择仪表时,还应从测量实际需要出发,凡是一般仪表能达到测量要求的,就不要用精密仪表来测量。也就是说,既要考虑实用性,又要考虑经济性。

第六节 电工指示仪表的组成和使用

电工指示仪表由两大部分组成,它们分别是指示仪表的测量机构和测量线路。测量机构的作用是将被测量(或过渡量)转换成仪表可动部分的偏转角,测量机构是电工指示仪表的核心。测量线路的作用是把各种不同的被测量转换成能被测量机构所接收的过渡电量,常由电阻、电容、电感等组成。

一、测量机构的主要组成装置及工作原理

1. 转动力矩装置

转动力矩 M 的大小与被测量、指针偏转角呈某种函数关系,它是使仪表的可动部分转动的力矩。

2. 反作用力矩装置

反作用力矩 M_f 是与转动力矩相平衡的力矩。仪表的可动部分处于平衡状态时,有 $M = M_f$。主要的反作用力矩装置有张丝、游丝等,也有用电磁感应装置来产生反作用力矩的。

3. 阻尼力矩装置

阻尼力矩装置是缩短可动部分的运动时间,以利于尽快读数的装置。主要的阻尼力矩装置有空气阻尼装置、电磁感应装置。其特点如下。

(1) 阻尼力矩 M_z 只在仪表的可动部分运动时才能产生。

(2) M_z 的大小与速度成正比,方向与可动部分的运动方向相反。

(3) 仪表可动部分静止时的位置由 M 或 M_f 决定,与 M_z 无关。

4. 读数装置

读数装置由指示器和刻度盘组成。其中,指示器有刀形指示器、矛形指示器、光标指示

器。刻度盘又称表盘或标度盘,它是一个画有标度尺和仪表标志符号的平面。

5. 支撑装置

常见的支撑方式有轴尖支撑方式、张丝弹片支撑方式。

6. 工作原理

常见的指示仪表的显示部分由磁电系表头构成。磁电系表头线圈通电受磁力矩作用在磁场中转动时,会把与之相连的发条式弹簧绞紧,弹簧发生形变产生弹性恢复力矩。当弹簧的弹性恢复力矩和磁场的磁力矩相平衡时,线圈和固连于转轴上的指针将停留在一定的位置上,就可以由此测量电流强度。下面推导测量关系。

线圈通电后,在任一位置所受到的磁力矩恒为

$$M = Bp_m \sin 90° = NBIS$$

此时,线圈相对于未通电时的位置转过了 θ 角,产生的弹性恢复力矩为

$$M' = k'\theta$$

由 $M = M'$ 可得电流强度为

$$I = \frac{k'\theta}{NBS} = K\theta$$

式中,$K = \dfrac{k'}{NBS}$ 是一个反映电流计内部结构特征的恒量,称为电流计常数。显然,电流计常数 K 越小,测量仪表越灵敏。

二、电工仪表的使用

电工仪表的使用主要分为以下几个步骤。

(1)使用前先看懂仪表表面标志,了解并遵守各项规定。

(2)仪表的安放位置要符合表面标志的规定。规定水平放置、垂直放置或成一定角度放置的都要遵守,否则测量结果得不到保证。测量不得超过允许的使用范围。

(3)交流仪表的标志为"∿",直流仪表的标志为"——",不能混用,不能替代。直流仪表还要分清正、负极性,若接反了,指针反转,可能打弯,甚至损坏仪表。交直流仪表的标志为"≂",可用于交流量和直流量的测量。

(4)仪表的使用电压和电流都不得长久超过额定值,否则,仪表可能被电压击穿或被电流烧坏。

(5)正确选择量程。测量未知量时,应选用最大的量程。通电瞬间,密切监视仪表读数,一旦发现指针猛转,可能超过量程时,应立即断电,因为仪表的过载能力低。应根据最大量程粗读数,再选用适当的量程重新测量。

(6)测试环境应尽量接近标准条件,不要超过允许使用范围。否则,测量结果得不到保证。仪表由温差较大的地方移入时,应放置 2 小时,以消除温差,达到热稳定后再使用。

(7)测量前,仪表应先校准,把指针调节到零分度上或标度尺上的其他基准标志上。调节时,应使指针只从一个方向逐渐逼近基准点。方向选定后,在调节过程中不要改变,不要调过头。指针接近基准点时,调节要特别细微,并伴以"轻敲",即用手指或铅笔的橡皮头轻轻敲击仪表外壳或其支撑物,直到指针对准基准点为止。对于机械调节器,当指针调到基准点后,应反向调节少许的距离,使调节器具有必要的机械间隙。这样,调节器的位置才比较

稳定,校准后的指针位置才不会因偶然因素而改变。但反向调节不能过大,间隙过大,也会造成不稳定,甚至影响已完成的调零。

(8)测量完成后,视线经指针尖与仪表标度盘垂直来观察并读数。标度盘带镜面的,视线应经指针与镜中的反射像重合来观察,这样可大大减小视差。

(9)用万用表测量电阻时,拨到任一挡后,都要先调零。换挡后也应调零后再使用。

【思考与练习】

1-1 说明系统误差、随机误差和粗大误差的主要特征。

1-2 用一个修正值为-0.3 V的电压表测量电压,示值为7.5 V,问实际电压为多少?

1-3 有一数字温度计,它的测量范围为$-50\ ℃\sim+150\ ℃$,准确度等级为0.5级。求当示值分别为$-20\ ℃$和$+100\ ℃$时的绝对误差及示值相对误差。

1-4 欲测250 V电压,要求测量示值相对误差不大于$\pm0.5\%$,问选用量程为250 V的电压表,其准确度等级为哪级?若选用量程为300 V和500 V的电压表,其准确度等级又为哪级?

1-5 已知待测电压为400 V左右,现有两只电压表,一只为1.5级,测量范围为$0\sim500$ V;另一只为1.0级,测量范围为$0\sim1000$ V。问选用哪一只电压表测量较好?为什么?

第二章

电压与电流的测量

测量直流电压和电流的仪表称为直流电压表和直流电流表,目前常用的直流电压表和直流电流表主要分为指示式仪表和数字式仪表两大类。本章主要介绍直流电压与电流的测量、直流电压表与电流表、交流电压与电流的测量、电磁系测量机构、整流系测量机构、交流电压表与电流表、测量用互感器及钳形电流表。

◀ 第一节 直流电压与电流的测量 ▶

一、直流电压的测量

测量直流电压一般使用直流电压表。直流电压表有安装式和便携式两种,如图 2-1 所示。实际中,直流电压的测量可分为临时测量和长期测量两种。临时测量是指短时间测量被测电路的电压,测量后电压表还要去除,常用于故障的排除,多采用便携式直流电压表。长期测量是指将电压表固定并联在被测电路两端,用于随时观察、监测被测电路中电压的变化情况,多采用安装式直流电压表。

(a) 安装式　　　　　　　　　　　(b) 便携式

图 2-1　直流电压表

直流电压表的使用方法如下。

(1)估测被测电压的大小,选择合适的电压量程。当不知被测电压的大致数值时,应先从最大量程开始试测,然后根据指针的偏转情况,逐步减小至合适量程,使指针指在电压表满刻度的后 1/3 段的范围内。

(2)将电压表并联在被测电路两端,如图 2-2 所示。由于测量的是直流电压,特别要注意"＋""－"接线端不能接错。接线要满足"＋"端接高电位端、"－"端接低电位端的要

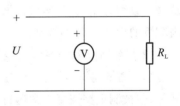

图 2-2　直流电压表的使用

求,以避免指针反转而损坏仪表。

> **注意**:如果将电压表错接成串联,则会因其内阻太大,使被测电路呈开路状态,电压表也无法正常工作。若电压过高,很容易造成电压表被击穿。

二、直流电流的测量

测量直流电流一般使用直流电流表。直流电流表也有安装式和便携式两种,如图 2-3 所示。和直流电压的测量类似,直流电流的测量也分为临时测量和长期测量两种。

(a) 安装式

(b) 便携式

图 2-3　直流电流表

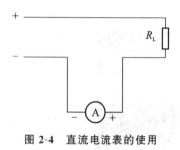

图 2-4　直流电流表的使用

直流电流表的使用方法如下。

（1）首先要切断被测电路,将电流表串联接入被测电路中,如图 2-4 所示。在测量较高电压电路的电流时,电流表应串联接在被测电路中的低电位端。测量直流电流时,也要特别注意直流电流表"＋""－"接线端的接法,满足电流从"＋"端流入、从"－"端流出的要求,以避免指针反转而损坏仪表。

> **注意**:如果将电流表错接成并联,会造成电路短路,并烧毁电流表。

（2）估测被测电流的大小,选择合适的电流量程。当不知被测电流的大致数值时,应先从最大量程开始试测,然后根据指针的偏转情况,逐步减小至合适量程,使指针指在电流表满刻度的后 1/3 段的范围内。

（3）接通电路,观察电流表指针的偏转情况,读取测量结果。

（4）测量完毕,要先切断电源,将串联的电流表去掉后,再恢复被测电路,最后合上电源开关,使被测电路恢复正常运行。

◀ 第二节 直流电压表与电流表 ▶

直流电压表和电流表的核心是磁电系测量机构,也称为磁电系表头。实际中,只要在磁电系测量机构的基础上配上适当的测量线路,就能够组成各种量程的直流电压表和电流表。如果加上整流器,还能用来测量交流电压和交流电流。因此,磁电系测量机构的应用十分广泛。这里,我们先学习磁电系测量机构的结构和工作原理,在此基础上再学习利用磁电系测量机构制成的直流电压表和电流表。

一、磁电系测量机构

1. 磁电系测量机构的结构

磁电系测量机构主要由固定的磁路系统和可动的通电线圈组成,其结构如图 2-5 所示。固定的磁路系统的作用是产生一个很强的均匀磁场,它包括永久磁铁、固定在磁铁两极的极掌,以及处于两极掌之间的圆柱形铁芯。圆柱形铁芯固定在仪表的支架上,其作用是减小磁路系统的磁阻,并使极掌和铁芯之间的气隙中形成均匀的辐射状磁场。极掌与圆柱形铁芯之间留有很小的空隙,便于可动线圈在空隙中转动。

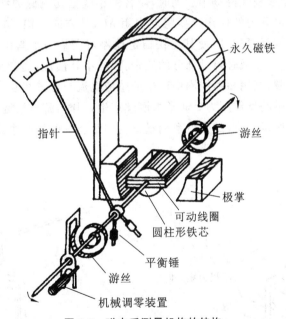

图 2-5 磁电系测量机构的结构

实际应用时,磁电系测量机构中的磁路系统有三种形式,即外磁式、内磁式和内外磁式,如图 2-6 所示。若永久磁铁放在可动线圈的外部,则称为外磁式结构,如图 2-6(a)所示;若永久磁铁放在可动线圈的内部,则称为内磁式结构,这样可以节约磁性材料,而且体积小、成本低,对外磁泄漏少,近年来被广泛使用,如图 2-6(b)所示;若可动线圈的内、外部都放有永久磁铁,则称为内外磁式结构,其优点是磁性更强,结构也可以做得更紧凑,如图 2-6(c)所示。

磁电系测量机构中的可动部分主要是一个通电线圈。为提高仪表灵敏度,可动线圈要

(a)外磁式　　　　　　　(b)内磁式　　　　　　　(c)内外磁式

图 2-6　磁电系测量机构中的磁路系统

求尽可能地轻些。因此,一般线圈的直径都非常小,机械强度也很低,不易成型,所以安装时要把它绕在一个用薄铝皮做成的矩形框架上。该框架不但起着支撑线圈的作用,同时还是产生阻尼力矩的装置。铝制线圈框的两端固定装有转轴,转轴的另一端通过轴尖支撑于轴承中,即轴尖轴承支撑装置。在转轴上还装有指针,当可动线圈受力矩转动时,带动指针偏转,用来指示被测量的大小。

2. 磁电系测量机构中的阻尼力矩

　　磁电系测量机构中的阻尼力矩一般由铝制线圈框(简称铝线框)产生,如图 2-7 所示。它的工作原理是:当铝线框在磁场中运动时,闭合的铝线框切割磁力线产生感应电流 i_e,这个涡流在磁场中受到电磁力的作用产生阻尼力矩 M_e,其方向与铝线框运动方向相反,因而能有效抑制可动线圈的反复摆动,使其尽快稳定地停留在某一平衡位置。但在高灵敏度的磁电系仪表中,为了进一步减轻可动部分的质量,以减小其惯性,通常采用无框架线圈,并在可动线圈中加短路线圈,利用短路线圈中产生的感应电流与磁场相互作用产生阻尼力矩。

　　磁电系测量机构中的反作用力矩通常由游丝产生,同时,游丝还起着连接可动线圈与外部被测电路的作用。所以,一般的磁电系测量机构中都装有前后两个游丝,它们的螺旋方向相反,如图 2-8 所示。

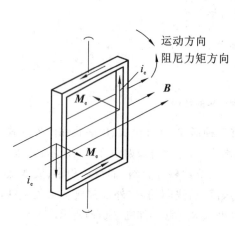

图 2-7　铝线框产生的阻尼力矩

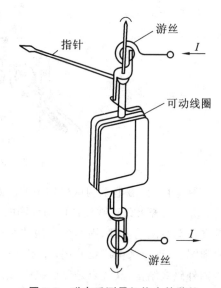

图 2-8　磁电系测量机构中的游丝

3. 磁电系测量机构的工作原理

磁电系测量机构是根据通电线圈在磁场中受到电磁力矩而发生偏转的原理制成的。磁电系测量机构的工作原理示意图如图 2-9 所示。当可动线圈中通入电流时,载流线圈在永久磁铁的磁场中受到电磁力矩的作用而发生偏转。通过线圈的电流越大,线圈受到的转矩越大,仪表指针偏转的角度 α 也越大,同时,游丝扭得越紧。由于反作用力矩与指针的偏转角成正比,故反作用力矩也越大。当线圈受到的转动力矩与反作用力矩大小相等时,即 $M = M_a$,线圈就停留在某一平衡位置,指针就指示出被测量的大小。

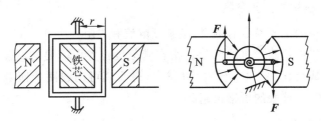

图 2-9 磁电系测量机构的工作原理示意图

注意:磁电系测量机构可动部分的稳定偏转角 α 与通过线圈的电流成正比。因此,可以用偏转角的大小来衡量被测电流的大小,并由指针在标度尺上直接指示出被测电流的数值。

4. 磁电系仪表的优缺点

(1) 准确度高,灵敏度高。由于仪表内永久磁铁的磁性很强,能在很小的电流作用下产生较大的转矩,所以,由于摩擦、外界环境温度变化及外磁场影响所造成的误差相对较小,因而准确度很高。同时,仪表的灵敏度也很高。

(2) 刻度均匀,便于读数。由于磁电系测量机构指针的偏转角与被测电流的大小成正比,因此,仪表标度尺的刻度是均匀的,便于准确读数。

(3) 消耗功率小。由于通过测量机构的电流很小,故仪表本身消耗的功率很小,对被测电路的影响越小,测量结果也越准确。

(4) 过载能力小。由于被测电流要通过游丝,而可动线圈的导线又很细,所以,一旦过载发热,极易引起游丝弹性的变化,甚至烧毁线圈。

(5) 只能测量直流电流。由于永久磁铁的极性是固定不变的,所以,只有在线圈中通入直流电流,仪表的指针才能朝一个方向偏转。如果在线圈中通入交流电流,则产生的转动力矩也是交变的,可动部分由于惯性作用而来不及偏转,仪表指针只能在零位附近抖动或不动,时间一长还会造成仪表的损坏。所以,磁电系仪表只能直接测量直流电流。要想测量交流电流,只有配用整流二极管将交流电变成直流电后才能使用。

二、直流电流表

1. 直流电流表的组成

在磁电系测量机构中,由于可动线圈的导线很细,而且电流还要经过游丝,所以,允许通

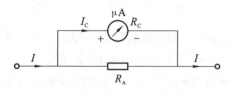

图 2-10　直流电流表的组成

过的电流很小,几微安到几百微安,故它本身几乎没有实用价值。根据并联电路具有分流作用的原理,实际中要测量较大的电流,可以在磁电系测量机构的两端并联一只适当阻值的分流电阻。因此,实际使用的直流电流表一般都是由磁电系测量机构与分流电阻并联组成的,如图 2-10 所示。由于磁电系电流表只能测量直流电流,故又称为直流电流表。

2. 磁电系测量机构的主要参数

磁电系测量机构的主要参数有两个:满刻度电流和内阻。

满刻度电流是指能使测量机构的指针指在满刻度位置所需要的电流值。一般情况下,满刻度电流和内阻成反比关系。因为内阻越大,说明其可动线圈的匝数越多,所用导线越细,故满刻度电流越小,该表的价格也越高。

3. 多量程直流电流表

多量程直流电流表一般采用并联不同阻值分流电阻的方法来扩大电流量程。按照分流电阻与测量机构连接方式划分,分流电路分为开路式和闭路式两种形式。目前几乎所有的多量程直流电流表都采用闭路式分流电路。

闭路式分流电路的电路图如图 2-11 所示。这种分流电路的缺点是各个量程之间相互影响,计算分流电阻较复杂。但其转换开关的接触电阻处在被测电路中,而不在测量机构与分流电阻的电路里,因此对分流准确度没有影响。特别是当转换开关触头接触不良而导致被测电路断开时,保证不会烧坏测量机构。所以,闭路式分流电路得到了广泛的应用。目前,绝大多数指针式万用表的直流电流挡采用了这种分流电路。

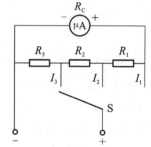

图 2-11　闭路式分流电路的电路图

想与练:在图 2-11 所示的闭路式分流电路中,你知道三个电路哪个量程最大,哪个量程最小吗?为什么?

三、直流电压表

1. 直流电压表的组成

根据欧姆定律可知,一只内阻为 R_C、满刻度电流为 I_C 的磁电系测量机构,其本身就是一只量程为 U_C 的直流电压表,只是其电压量程太小,根本不具有实用价值。如果需要测量更高的电压,就必须扩大其电压量程。根据串联电阻具有分压作用的原理,扩大电压量程的方法就是和测量机构串联一只分压电阻 R_V,如图 2-12 所示。因此,实际使用的磁电系电压表(即直流电压表)都是由磁电系测量机构与分压电阻串联组成的。

若已知磁电系测量机构满刻度电流为 I_C，内阻为 R_C，串联适当分压电阻 R_V 后，可使电压量程扩大为 U。此时，通过测量机构的电流仍为 I_C，且 I_C 与被测电压 U 成正比。所以，可以用仪表指针偏转角的大小来反映被测电压的数值。

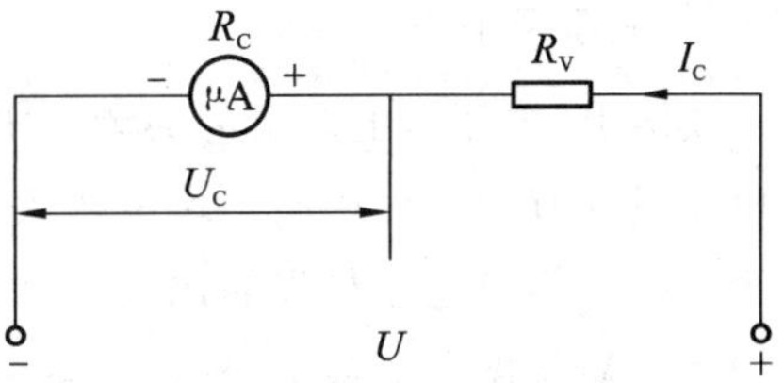

图 2-12 直流电压表的组成

求解串联分压电阻的步骤如下。

（1）先求磁电系测量机构的额定电压 U_C

$$U_C = I_C R_C$$

（2）再求电压量程扩大倍数 m

$$m = U/U_C$$

（3）最后求分压电阻 R_V

$$R_V = (m-1)R_C$$

【例 2-1】 一只内阻为 500 Ω，满刻度电流为 100 μA 的磁电系测量机构，要改制成 100 V 量程的直流电压表，应串联多大的分压电阻？该电压表的总内阻是多少？

【解】 先求出测量机构的额定电压

$$U_C = I_C R_C = 100 \times 10^{-6} \times 500 \text{ V} = 0.05 \text{ V}$$

再求出电压量程扩大倍数

$$m = U/U_C = 100/0.05 = 2000$$

应串联的分压电阻为

$$R_V = (m-1)R_C = (2000-1) \times 500 \text{ Ω} = 999\ 500 \text{ Ω}$$

该电压表的总内阻为

$$R = R_C + R_V = (500 + 999\ 500) \text{ Ω} = 1\ 000\ 000 \text{ Ω}$$

分压电阻一般应采用电阻率大、电阻温度系数小的铜丝绕制而成。但实际上，由于分压电阻阻值太大，为节约材料，降低成本，也常采用金属膜电阻来代替绕线电阻。分压电阻分为内附式和外附式两种，通常量程低于 600 V 时可采用内附式的，以便安装在表壳内部；量程高于 600 V 时，应采用外附式的。外附式分压电阻是单独制造的，并且要与仪表配套使用。

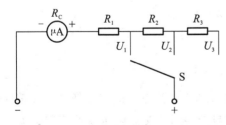

图 2-13 共用式分压电路

2. 多量程直流电压表

多量程直流电压表由磁电系测量机构与不同阻值的分压电阻串联组成。通常采用图 2-13 所示的共用式分压电路。这种电路的优点是高量程的分压电阻共用了低量程的分压电阻，达到了节约材料的目的；缺点是一旦低量程的分压电阻损坏，高量程电压挡就不能使用。

想与练： 在图 2-13 所示的共用式分压电路中，你知道 U_1，U_2，U_3 哪个量程最大，哪个量程最小吗？为什么？各个量程的分压电阻都由哪些电阻组成？

3. 电压灵敏度

实际上,电压表的内阻应为测量机构的内阻与分压电阻之和。显然,电压表内阻的大小与电压量程有关。对于同一块电压表来讲,其电压量程越高,则电压表内阻越大。但是,各量程内阻与相应电压量程的比值却为一常数,该常数是电压表的一个重要参数,通常在电压表面板的显著位置上标出,称为电压灵敏度。可见,电压灵敏度的意义是:电压灵敏度越高,相同量程下电压表的内阻越大,取自被测电路的电流越小,对被测电路的影响越小,测量准确度越高。

◀ 第三节　交流电压与电流的测量 ▶

图 2-14 所示为企业配电房中的配电柜,配电柜上的仪表几乎全部都是交流电流表和交流电压表。应该指出,目前交流电流表和交流电压表中有相当一部分采用电磁系测量机构,但也有采用整流系测量机构的。测量交流电流和电压的仪表称为交流电流表和交流电压表,按照工作原理不同,可分为数字式和指示式两大类。本章主要介绍指示式的交流电流表和交流电压表的使用、结构和工作原理。

图 2-14　配电柜上的交流仪表

一、交流电压的测量

由于目前工业生产上广泛使用的都是正弦交流电,因此,交流电压的测量是电工经常使用的一种测量,以此判断电气线路和电气设备的正常与否。测量交流电压通常使用交流电压表,交流电压表也分为安装式和便携式两种,如图 2-15 所示。

交流电压的测量方法如下。

(1) 估测被测电路电压的大小,选择合适的电压量程,即使电压表指针指在满刻度的后1/3 段。这样做的目的是减小测量误差,提高测量的准确度。如:常用的企业供电电压是交流 380 V,一般应选择交流 500 V 的电压量程;常用的家庭供电电压是交流 220 V,则应选

(a) 安装式

(b) 便携式

图 2-15 交流电压表

250 V 的交流电压量程。当不知被测电压的大致数值时,应先从最大量程开始试测,然后根据指针的偏转情况,逐步减小至合适量程。

(2) 将交流电压表并联在被测电路两端,如图 2-16(a)所示。在测量较高的交流电压时,如 600 V 以上时,一般都要配合电压互感器进行接线,如图 2-16(b)所示。

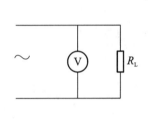
(a) 交流电压表接线

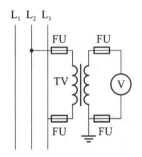
(b) 配合电压互感器的接线

图 2-16 交流电压表的接线

注意: 在工厂供电中,一般都由变压器将高电压变成 380 V/220 V 的较低电压了,因此很少使用电压互感器。

二、交流电流的测量

交流电流的测量一般采用交流电流表进行。常见的交流电流表大多为安装式的,实验时会使用便携式交流电流表。

交流电流的测量方法如下。

(1) 切断被测电路,将电流表串联接入被测电路中,如图 2-17 所示。在测量较高电压电路的电流时,电流表应串联接在被测电路中的低电位端,如图 2-17(a)所示。若测量更大的交流电流时,如大于 5 A 时,一般要配合电流互感器进行测量,如图 2-17(b)所示。

(2) 估测被测电流的大小,选择合适的电流量程,即使电流表指针指在接近满刻度的位

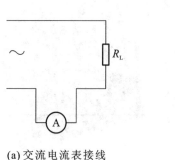 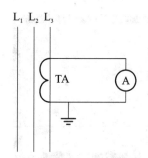

(a)交流电流表接线　　　　(b)配合电流互感器的接线

图 2-17　交流电流表的接线

置。当不知被测电流的大致数值时,应先从最大量程开始试测,然后根据指针偏转情况,逐步减小至合适量程。

(3)接通电源,观察电流表指针的偏转情况,读取测量结果。

(4)测量完毕,要先断开电源,将串联的电流表去掉后,再恢复被测电路,最后合上电源开关,使被测电路恢复正常运行。

注意:如果将电流表错接成并联,会造成电路短路,并烧毁电流表。

用交流电流表测量通过白炽灯的工作电流。

[实验器材]电工电子实验台,220 V/10 W 白炽灯 1 只,50 mA 的交流电流表 1 块,连接导线若干。

[实验步骤]

(1)断开实验台的电源开关,将交流调压器旋钮旋至零位。

(2)将量程为 50 mA 的交流电流表和 220 V/10 W 的白炽灯插入实验板,再用连接导线连接好电路。

(3)将电路的电源侧(左端)用导线连接到实验台的交流调压器输出端。

(4)检查电路有无连接错误,闭合实验台电源开关。缓慢调节调压器旋钮,同时观察交流调压电源的电压表。当电源电压升至 220 V 时,停止升压。此时,读取 50 mA 交流电流表读数,该电流即是通过白炽灯的工作电流。

(5)将交流调压器旋钮旋至零位,断开实验台的电源开关,拆除电路并将各元件插入实验板的原始位置,实验结束。

◀ 第四节　电磁系测量机构 ▶

目前,交流电流表和电压表的测量机构(表头)多采用电磁系测量机构和整流系测量机构。实际工作中,只要在它们的基础上稍加改造,就能够组成各种量程的交流电流表和电压表。由于电磁系仪表具有构造简单、过载能力强、价格便宜等优点,所以,许多安装式交流电流表和电压表采用电磁系测量机构。

一、电磁系测量机构的结构及工作原理

与磁电系测量机构不同,电磁系测量机构主要由通过被测电流的固定线圈和可动软磁铁片组成。根据其结构形式的不同,可分为吸引型和排斥型两类。

1. 吸引型测量机构

1）结构

吸引型测量机构的结构如图 2-18 所示。固定线圈和偏心装在转轴上的由软磁材料制成的可动铁片组成产生转动力矩的装置。转轴上还装有指针、阻尼片和游丝等。这里,游丝的作用只是产生反作用力矩,而不通过电流。当电流通过线圈时,在线圈磁场的作用下铁片被磁化并吸引进线圈的缝隙中,转轴随之转动,带动指针偏转。

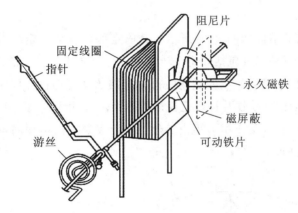

图 2-18 吸引型测量机构的结构

另外,为防止永久磁铁磁场对线圈磁场的影响,在永久磁铁前加装了用导磁性能良好的材料制成的磁屏蔽。便携式电磁系电流表、电压表的测量机构大多采用吸引型测量机构。

2）工作原理

吸引型测量机构的工作原理如图 2-19 所示。当固定线圈通电后,线圈产生的磁场将可动铁片磁化,对铁片产生吸引力,使固定在同一转轴上的指针随之发生偏转,同时游丝产生反作用力矩。线圈中的电流越大,磁化作用越强,指针偏转角就越大。当游丝产生的反作用力矩与转动力矩相平衡时,指针就稳定地停留在某一位置,指示出被测量的大小。

显然,当流过线圈的电流方向改变而大小不变时,线圈产生的磁场极性及可动铁片被磁化的极性也同时改变,但它们之间的作用力仍是吸引力,转动力矩的大小和方向不变,保证了指针偏转角不会改变。所以,吸引型测量机构可用来组成交直流两用仪表。

对于吸引型结构来讲,电磁系测量机构的转动力矩取决于固定线圈的磁场和可动铁片被磁化后的磁场强弱,而它们磁场的强弱又都与被测电流有关。可见,转动力矩的大小应与线圈磁势的平方成正比。

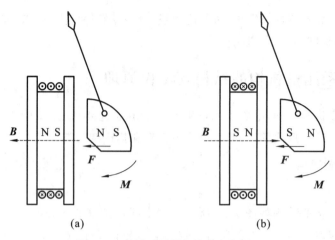

(a)   (b)

图 2-19 吸引型测量机构的工作原理

2. 排斥型测量机构

1）结构

排斥型测量机构的结构如图 2-20 所示。其固定部分包括固定线圈以及固定在线圈内侧壁上的固定铁片。可动部分包括固定在转轴上的可动铁片、游丝、指针及阻尼片等。当被测电流通过固定线圈时，线圈产生的磁场使得固定铁片和可动铁片同时磁化。由于对应位置的磁场极性相同，因此可动铁片被固定铁片所排斥，带动指针转动。阻尼力矩由阻尼片切割永久磁铁的磁感线产生，反作用力矩由游丝产生。安装式的电磁系电流表和电压表往往采用排斥型的测量机构。

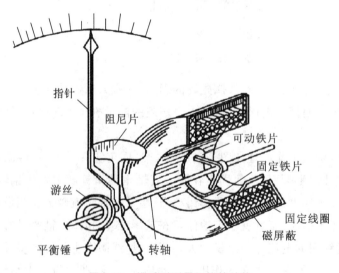

图 2-20 排斥型测量机构的结构

2）工作原理

排斥型测量机构的工作原理如图 2-21 所示。当被测电流通过固定线圈时产生磁场，使固定铁片和可动铁片同时磁化，且两铁片的同一侧为相同的极性。由于同性磁极相互排斥，产生转动力矩使可动铁片转动，带动指针偏转。当游丝产生的反作用力矩与转动力矩相平衡时,指针就停留在某一位置,指示出被测量的大小。如果线圈中的电流方向改变,线圈产生的磁场的方向也随之改变,两铁片的磁化极性也同时改变,但其相互间的排斥力不变。所以,排斥型的结构同样适用于交直流测量。

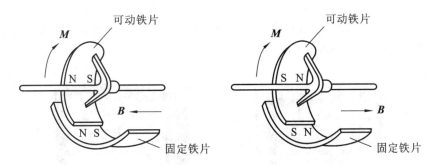

图 2-21　排斥型测量机构的工作原理

显然,对于排斥型结构来说,其转动力矩取决于固定铁片和可动铁片被磁化后的磁场的强弱,而它们的磁场也都与被测电流有关。因此,排斥型结构转动力矩的大小也应与线圈产生的磁势的平方成正比。

综上所述,吸引型和排斥型测量机构的工作原理可以归纳为:利用通过被测电流的固定线圈产生磁场,使铁片磁化,然后利用线圈与可动铁片(吸引型)或固定铁片与可动铁片(排斥型)相互作用产生转动力矩,带动指针偏转,当可动铁片在转动力矩 M 的作用下转动的同时,游丝产生反作用力矩 M_f,当 $M=M_f$ 时,指针停止在某一平衡位置,有一个稳定的偏转角 α。

由于电磁系测量机构指针的偏转角 α 与被测电流的平方成正比,因此,可用来测量被测电流的大小。显然,电磁系仪表的刻度是不均匀的,呈现前密后疏的特征。

二、电磁系仪表的特点

(1)既可测量直流量,又可测量交流量。但大多数情况下电磁系仪表都做成交流仪表使用。

(2)可直接测量较大电流,过载能力强,并且结构简单,价格便宜。这是由于被测电流不经过游丝而直接进入线圈,而绕制固定线圈的导线也可以粗些。

(3)标度尺刻度不均匀,易造成读数误差。因为电磁系仪表指针的偏转角与被测电流的平方成正比,故标度尺的刻度具有平方律的特性,即起始段分布较密,而末段分布稀疏。

(4)易受外磁场影响。电磁系仪表由于本身几乎没有铁磁材料,并且它的磁场主要是由固定线圈中通入的电流产生的,若电流较小,磁场强度较弱,非常容易受到外磁场的影响。为此,常采用磁屏蔽的方法来减小外磁场的影响。所谓的"磁屏蔽",是指将测量机构装在用导磁性能良好的材料做成的屏蔽罩内。这样,外磁场的磁感线将沿着屏蔽罩穿过,而不会影响罩内的测量机构,如图 2-22 所示。有时,为了进一步削弱外磁场的影响,可采用两层甚至三层磁屏蔽。

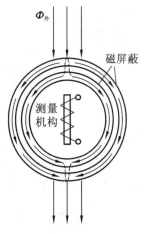

图 2-22　磁屏蔽的原理

◀ 第五节　整流系测量机构 ▶

除了前面所讲的电磁系交流电压表和电流表之外,目前,许多安装式交流电压表和电流表也采用了整流系仪表,如图 2-23 所示。

图 2-23　整流系安装式电压表和电流表

前面已知,磁电系测量机构只能用来测量直流电流。如果要测量交流量,只有加上整流器将交流电变换成直流电后,再送入测量机构,只要找出整流后的电流与输入的交流电流之间的关系,就能在仪表标度尺上直接标出被测交流电流的大小。我们把由磁电系测量机构和整流器组成的仪表称为整流系仪表。整流系交流电压表就是在整流系仪表的基础上串联分压电阻而成的。其中,整流系测量机构是整个仪表的核心。

整流系交流电压表中所用的整流电路有半波整流电路和全波整流电路两种形式。图 2-24 所示为半波整流电路,图中的 R_V 为分压电阻。与测量机构串联的 V_1 是整流二极管,它能将输入的交流电流变成脉动直流电流,送入磁电系微安表。二极管 V_2 的作用是防止输入的交流电压在负半周时反向击穿整流二极管 V_1。在外加电压负半周时,由于整流二极管 V_1 反向截止而承受很高的反向电压,可能造成 V_1 的反向击穿。接入 V_2 后,在负半周时 V_2 导通,使 V_1 两端的反向电压大大降低,保证了 V_1 不会被反向击穿。所以, V_2 又称为"保护二极管"。

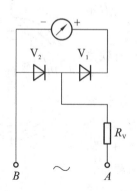
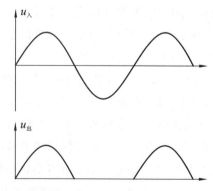

图 2-24　半波整流电路

整流系仪表中的全波整流电路,通常采用由四个整流二极管组成的桥式整流电路,如图 2-25 所示。当在 A、B 两端加上交流电压时,如正半周时的极性 A 端为正,B 端为负,则电流回路为 $A \rightarrow V_1 \rightarrow$ 表头 $\rightarrow V_3 \rightarrow B$;而在电压负半周时,$B$ 端极性为正,A 端为负,电流回路变为 $B \rightarrow V_2 \rightarrow$ 表头 $\rightarrow V_4 \rightarrow A$。可见,不管在外加电压的正半周还是负半周,表头中都只有同一方向的电流通过。可见,在外加电压相同的情况下,全波整流时的表头电流要比半波整流时的表头电流增大一倍,仪表的灵敏度较高。

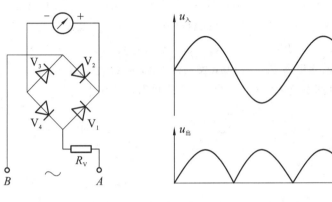

图 2-25　全波整流电路

由于通过测量机构的电流实际上是经过整流后的单向脉动电流,而其指针的偏转角是与脉动电流的平均值成正比的,所以,整流系仪表所指示的值应该是交流电的平均值。但是,习惯上交流电的大小是指交流电的有效值。为此,可根据交流电的有效值与平均值之间的关系来刻度标度尺。

对于半波整流　　　　　　　　$I_{有效} = 2.22 I_{平均}$

对于全波整流　　　　　　　　$I_{有效} = 1.11 I_{平均}$

这样一来,交流电压表的标度尺就可以直接按交流电压的有效值来进行刻度,即整流系交流电压表的读数是正弦交流电压的有效值。如果被测电压不是正弦波,将会产生波形误差,这是整流系交流电压表的一个主要缺点。

整流系仪表保留了磁电系仪表灵敏度高、功率消耗小、刻度均匀等优点,但它只能用来测量交流电,不能测量直流电。此外,由于电路中的电感较小,因而适用于较高频率电流和电压的测量,测量频率范围为 40～1000 Hz。但是,由于整流器的特性不太稳定,受周围环境温度的影响大,所以,其准确度较低,一般在 1.0 级以下。做成万用表测量交流电压时,准确度一般在 2.5 级以下。

◀ 第六节　交流电压表与电流表 ▶

交流电压表和电流表的核心是电磁系测量机构或者整流系测量机构,下面简单介绍其组成。

一、电磁系交流电压表

与磁电系直流电压表相同,电磁系交流电压表通常也采用将电磁系测量机构与分压电阻串联的方法制成。作为电压表,一般要求通过固定线圈的电流很小,但为了获得足够的转矩,又必须要有一定的励磁磁通势,所以,电磁系交流电压表内固定线圈的匝数一般较多,并用较细的漆包线绕制。

安装式电磁系交流电压表通常都做成单量程的,一般最大量程不超过 600 V。要测量更高的交流电压时,仪表要与电压互感器配合使用。为与电压互感器配合使用,安装式电磁系交流电压表量程大多为 100 V。

为使用方便,便携式电磁系交流电压表一般都做成多量程的,图 2-26 所示为三量程电磁系交流电压表的内部电路图,显然,它采用的是共用式分压电路。

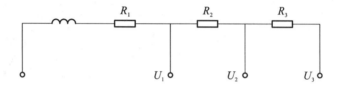

图 2-26　电磁系交流电压表的内部电路图

二、整流系交流电压表

整流系交流电压表一般也采用串联分压电阻的方法扩大量程,在上一节已有详细介绍,此处不再赘述。

三、电磁系交流电流表

由于电磁系交流电流表的固定线圈直接串联在被测电路中,所以,要制造不同量程的电流表时,只要改变固定线圈的线径和匝数即可。一般情况下,电流表的量程越大,线圈导线越粗,匝数越少。因此,电磁系交流电流表一般由电磁系测量机构构成,无须并联任何电阻,故测量线路十分简单。

安装式电磁系交流电流表都制成单量程的。目前安装式电磁系交流电流表一般做成量程为 5 A 的交流电流表,以便与电流互感器配合测量较大的交流电流。如果测量的电流太大时,靠近仪表的导线产生的磁场会给仪表的测量造成较大的误差,并且若仪表端钮与导线接触不良时,会严重发热而酿成事故。因此,在测量较大的交流电流时,仪表都与电流互感器配合使用。

为使用方便,便携式电磁系交流电流表一般都制成多量程的,但它扩大电流量程不能采用并联分流电阻的方法,这是因为电磁系交流电流表的内阻较大,所以要求分流电阻也较大,这会造成分流电阻的体积及功率损失都很大。因此,电磁系交流电流表扩大量程一般都采用将固定线圈分成两段,然后利用分段线圈的串联、并联来实现。图 2-27 所示为双量程电磁系交流电流表的原理电路。当按图 2-27(a)所示连接时,两段线圈串联,电流量程为 I,

将 1 点和 4 点相连的为金属片;按图 2-27(b)所示连接时,两段线圈并联,电流量程扩大为 $2I$。仪表的标度尺可以按小量程来刻度,当量程为 $2I$ 时,只需将读数乘以 2 即可。

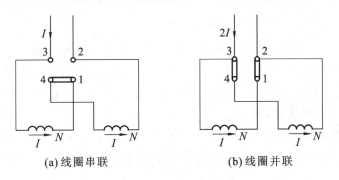

(a)线圈串联　　　　　　　　　(b)线圈并联

图 2-27　双量程电磁系交流电流表的原理电路

四、整流系交流电流表

利用二极管的单向导电性,在整流系测量机构的基础上,也可以制成整流系交流电流表。常见的整流系交流电流表的内部电路有两种形式:电阻分流式和互感器式。

1. 电阻分流式

电阻分流式电路在整流系测量机构两端并联一个适当阻值的分流电阻,利用电阻并联能够分流的原理组成整流系交流电流表,如图 2-28(a)所示。电阻分流式电路适用于量程较小的交流电流表。

2. 互感器式

互感器式电路如图 2-28(b)所示。只要适当改变电流互感器的变流比,就能改变交流电流表的量程。互感器式电路适用于量程较大的交流电流表。

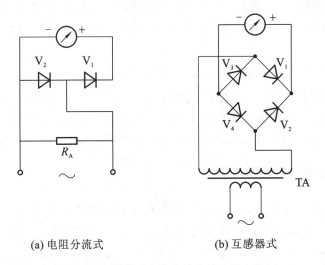

(a) 电阻分流式　　　　　　　　(b) 互感器式

图 2-28　整流系交流电流表的内部电路

◀ 第七节　测量用互感器 ▶

实际工作中,经常遇到需要测量高电压、大电流的场合,如配电柜上使用的交流电压表和交流电流表的量程都很大。而要生产一个能够直接测量高电压、大电流的交流仪表是很困难的,而且使用起来非常危险。利用变压器能改变交流电压和电流的作用,人们制造出一种特殊的变压器——测量用互感器。

测量用互感器是用来按比例变换交流电压或交流电流的仪器。按照用途的不同,测量用互感器分为变换交流电压的电压互感器和变换交流电流的电流互感器两大类。

一、测量用互感器的用途

1. 扩大交流仪表的量程,降低功耗

在测量交流大电流、高电压的情况下,采用分流电阻和分压电阻来扩大仪表量程是非常困难的。例如,一只内阻为 $0.1\ \Omega$ 的电流表直接串入电路去测量 $1000\ A$ 的电流时,电流表本身的压降就有 $100\ V$,功率损耗高达 $100 \times 1000\ VA = 100\ kVA$。显然,这时电流表不仅要为散热而增大体积,而且串入电路后还会影响电路正常的工作状态。在此情况下,若利用测量用互感器把大电流、高电压按比例变换成小电流、低电压,再用低量程的仪表进行测量,就相当于扩大了交流仪表的量程。另外,采用互感器扩大交流仪表量程时,虽然互感器本身也会消耗一定的功率,但其数值会大大降低。

2. 隔离高压,安全可靠

测量用互感器能将高电压变换成低电压,并且测量用互感器的一次侧与二次侧之间只有磁连接,而无直接的电气连接。测量高压电路的电压或电流时,互感器的一次侧与被测电路相连接,二次侧连接仪表。因此,仪表与被测电路之间没有直接的电气连接,这就使得仪表和操作人员与高压隔离开来,不但降低了对仪表的绝缘要求,而且可以保证操作人员和仪表的安全。

3. 一表多用,有利于仪表生产的标准化,降低生产成本

由于测量用互感器二次侧的额定电压和额定电流统一规定为 $100\ V$ 和 $5\ A$,所以,生产厂家只要生产量程为 $100\ V$ 的交流电压表和 $5\ A$ 的交流电流表,再配用不同变比的测量用互感器,就能组成不同量程的仪表,满足测量各种交流高电压和交流大电流的要求。

二、电压互感器

电压互感器是将电力系统中的高电压转换成低电压的测量用互感器,它的一次侧的额定电压应与被测电力系统的额定电压一致,二次侧额定电压通常为 $100\ V$。电压互感器的二次侧与电压表连接可进行高电压的测量,与电能表连接可进行高压系统的电能计量。国家标准规定,电压互感器用"TV"表示,图形符号如图 2-29 所示。

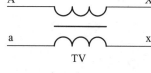

图 2-29　电压互感器的符号

1. 常用电压互感器

常用电压互感器如表2-1所示。

表 2-1　常用电压互感器

型　号	用　途	外　形
JDJ-6 型、JDJ-10 型电压互感器	JDJ-6 型和 JDJ-10 型电压互感器分别适用于 6 kV 和 10 kV、频率为 50 Hz 的交流电路中,作电压、电能测量和继电保护用	
JDZ-3 型、JDZ-6 型、JDZ-10Q 型和 JDZJ-3 型、JDZJ-6 型、JDZJ-10Q 型电压互感器	JDZ-3 型、JDZ-6 型、JDZ-10Q 型和 JDZJ-3 型、JDZJ-6 型、JDZJ-10Q 型电压互感器都是用环氧树脂浇注的半封闭式电压互感器,分别供户内频率为 50 Hz 的 3 kV、6 kV、10 kV 电力系统中,作电压、电能测量及继电保护用	
JDG4-0.5 型电压互感器	JDG4-0.5 型电压互感器供频率为 50 Hz 的 500 V 及以下的交流线路中,作测量电压、电能及继电保护之用	

2. 电压互感器的选择和使用

(1) 实际选择电压互感器时,必须注意其一次侧的额定电压要与所测量电路的额定电压相符,二次侧负载电流的总和不得超过二次侧的额定电流。电压互感器的准确度分为 5 个等级,0.1 级和 0.2 级用于实验室的精密测量,0.2 级和 1.0 级用于发电、配电设备的测量和保护,计量时应用 0.5 级,3.0 级用于一般的非精密测量。

(2) 要正确接线。将电压互感器的一次侧与被测电路并联,二次侧与电压表(或仪表的电压线圈)并联。

3. 电压互感器的使用注意事项

(1) 实际工作中,功率表、电能表等与电压互感器连接时要注意极性,极性接反会导致仪表指针反转。

(2) 电压互感器一次侧的 A 与二次侧的 a 是同名端,一次侧的 X 与二次侧的 x 是同名端。一次侧电流从 A 流入互感器,二次侧电流应从其对应的同名端 a 流出互感器。

(3) 电压互感器的一次侧、二次侧在运行中绝对不允许短路,因此,电压互感器的一次侧、二次侧都应装设熔断器,以免一次侧短路影响高压供电系统,二次侧短路烧毁电压互感器。

(4) 电压互感器的铁芯和二次侧的一端必须可靠接地,以防止绝缘损坏时一次侧的高压电窜入二次侧,危及人身和设备的安全。

(5) 为保证测量的准确度,要求电压互感器的准确度等级比所接仪表的准确度等级高 2 级。

4. 电压互感器的构造与工作原理

电压互感器实际上就是一个降压变压器,其结构和工作原理与变压器的完全相同,但是它具有更准确的变压比。电压互感器能将一次侧的高电压变换成二次侧的低电压,因此,其一次侧的匝数远多于二次侧的匝数。使用时,将一次侧与被测电路并联,二次侧与电压表并联,如图 2-30(a)所示,图 2-30(b)为电压互感器的实物接线图。由于二次侧的额定电压一般为 100 V,故不同变压比的电压互感器,其一次侧的匝数是不同的。

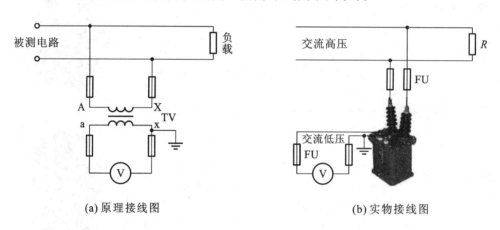

(a) 原理接线图　　　　　　　　　(b) 实物接线图

图 2-30　电压互感器的接线图

电压互感器一次侧额定电压 U_{1N} 与二次侧额定电压 U_{2N} 之比,称为电压互感器的额定变压比,用 K_{TV} 表示,即

$$K_{TV} = \frac{U_{1N}}{U_{2N}}$$

K_{TV} 一般都标在电压互感器的铭牌上。测量时可根据电压表的指示值,计算出一次侧被测电压值的大小,即

$$U_{1N} = K_{TV} \times U_{2N}$$

三、电流互感器

1. 常用电流互感器

常用电流互感器如表 2-2 所示。

表 2-2 常用电流互感器

型 号	用 途	外 形
LDZJ1-10 型电流互感器	LDZJ1-10 型电流互感器适用于户内 10 kV、50 Hz 的交流电力系统中,作电流、电能测量及继电保护用	
LQG-0.5 型电流互感器	LQG-0.5 型电流互感器为户内装置线圈式电流互感器,用于额定频率为 50 Hz、额定电压为 0.5 kV 的交流线路,作为测量电流、电能及继电保护之用	
LAZBJ-10 型电流互感器	LAZBJ-10 型电流互感器适用于户内 10 kV、50 Hz 的交流电力系统中,作电流、电能测量及继电保护用	
LMZ1-0.5 系列电流互感器	LMZ1-0.5 系列电流互感器适用于额定频率为 50 Hz、额定工作电压为 0.5 kV 及以下的交流线路中,作电流、电能测量及继电保护用	

2. 电流互感器的选择和使用

(1) 实际选择电流互感器时,可以根据测量要求的准确度确定。电流互感器一次侧的额定电流在 20～2000 A 之间,二次侧的额定电流一般为 5 A。电流互感器的额定功率有 5 VA、10 VA、15 VA、20 VA 等。准确度等级通常为 0.2～3.0 级,分别用于不同的场合。用于实验室时,其准确度在 0.2 级以上。额定电压有 0.5 kV、10 kV、15 kV、35 kV 等。380/220 V 三相四线制电路的电压测量中均采用 0.5 kV 的电流互感器。

(2) 要正确接线。将电流互感器的一次侧与被测电路串联,二次侧与电流表(或仪表的电流线圈)串联。对功率表、电能表等转动力矩与电流方向有关的仪表,当其与电流互感器配合使用时,还要确保接线的极性正确,极性接反会导致仪表指针反转。电流互感器一次侧的 L_1 和二次侧的 K_1 是同名端,L_2 和 K_2 是同名端。

电流互感器二次侧回路的连接导线应采用铜质单芯绝缘线,连接线的截面积不应小于 4 mm²。

（3）电流互感器的二次侧在运行中绝对不允许开路。因此，在电流互感器的二次侧回路中严禁加装熔断器。运行中需拆除或更换仪表时，应先将二次侧短路后再进行操作。有的电流互感器中装有供短路用的开关，如图 2-31（b）中的开关 S。

（4）电流互感器的铁芯和二次侧的一端必须可靠接地，以确保人身和设备的安全。

（5）接在同一互感器上的电流表不能太多，否则接在二次侧的仪表消耗的功率将超过互感器二次侧的额定功率，导致测量误差增大。

3. 电流互感器的构造与工作原理

电流互感器实际上是一个降流变压器，能把一次侧的大电流变换成二次侧的小电流。一般电流互感器二次侧的额定电流为 5 A。由于变压器的一次侧、二次侧的电流之比，与一次侧、二次侧的匝数成反比，所以，电流互感器一次侧的匝数远少于二次侧的匝数，一般只有一匝到几匝。电流互感器的图形符号如图 2-31（a）所示。使用时，将一次侧与被测电路串联，二次侧与电流表串联，如图 2-31（b）所示，图 2-31（c）为其实物接线图。由于接在电流互感器二次侧的电流表内阻一般都很小，所以，电流互感器在正常工作状态时，接近于变压器的短路状态。

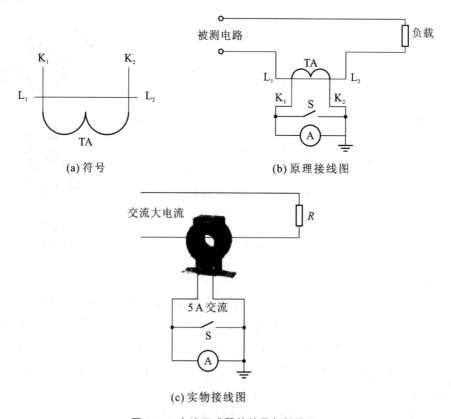

(a) 符号　　　　　　　　　(b) 原理接线图

(c) 实物接线图

图 2-31　电流互感器的符号与接线图

电流互感器的一次侧额定电流 I_1 与二次侧额定电流 I_2 之比，称为电流互感器的额定变流比，用 K_{TA} 表示，即

$$K_{TA} = I_1 / I_2$$

每个电流互感器的铭牌上都标有它的额定变流比。测量时可根据电流表的指示值，计

算出一次侧被测电流 I_1 的数值,同理,对与电流互感器配合使用的电流表,也可按一次侧电流直接进行刻度。例如按 5 A 设计制造,但与 $K_{TA}＝500/5$ 的电流互感器配合使用的电流表,其标度尺可按 500 A 进行刻度。

◀ 第八节　钳形电流表 ▶

钳形电流表的最大优点是能在不断电的情况下测量电流。例如,用钳形电流表可以在不切断电路的情况下,测量运行中的交流电动机的工作电流,从而很方便地了解其工作状况。常见钳形电流表的外形如图 2-32 所示。

一、钳形电流表的使用

钳形电流表的准确度不高,一般为 2.5 级或 5.0 级。但它能在不切断电路的情况下测量电流,使用非常方便,因此在生产中使用广泛。

1. 钳形电流表的使用方法

钳形电流表的使用方法如下。

(1)测量前进行机械调零。

(2)测量前先估计被测电流的大小,选择合适的量程,使指针正确指示,即不能使指针偏转过头或指示过小。若无法估计被测电流的大小,则应从最大量程开始,逐步换成合适的量程。转换量程应在退出导线后进行。

图 2-32　钳形电流表

(3)手握钳形电流表的把手,使其钳口张开,将被测电流的导线卡入钳口中。放松把手,使钳口闭合,将被测载流导线置于钳口中央,以避免增大误差。此时,从电流表指示可以读出被测电流的数值。

(4)钳口要接合紧密。若发现有杂声出现,应检查钳口接合处是否有污垢存在,如有则要用煤油擦净后再进行测量。

(5)测量完毕,一定要将仪表的量程开关置于最大量程位置上,以防下次使用时使用者疏忽而造成仪表损坏。

2. 使用钳形电流表的注意事项

使用钳形电流表的注意事项如下。

(1)将手柄擦净,测量时应戴上绝缘手套。操作者要与带电体保持安全距离,以免造成相间短路或接地故障,烧坏设备或危及人身安全。

(2)不得将低压钳形电流表用于高压电路测量。

(3)不得在测量过程中切换量程,以免在切换时造成二次侧瞬间开路,感应出高电压而出现事故。

(4)读数时要注意安全,操作者切勿触及其他带电部分而引起触电或短路事故。测量母线时,应用绝缘隔板隔开,以防止钳口张开时引起相间短路。

跟我练：

用钳形电流表测量,判断三相电动机故障。

[实验器材]三相异步电动机1台,钳形电流表1块。

[实验步骤]

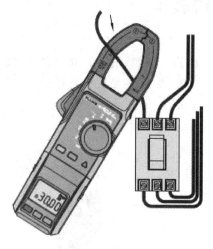

图 2-33　将被测载流导线置于钳口中央

（1）测量前先估计被测电流的大小,选择合适的量程。若无法估计被测电流的大小,则应从最大量程开始,逐步换成合适的量程。转换量程应在退出导线后进行。

（2）测量时将被测载流导线置于钳口中央,如图2-33所示,以避免增大误差。

（3）钳口要接合紧密。若发现测量时有杂声出现,应检查钳口接合处是否有污垢存在。如有污垢,则要用煤油擦干净后再进行测量。

（4）测量 5 A 以下的较小电流时,为使读数准确,在条件许可的情况下,可将被测导线多绕几圈再放入钳口进行测量,被测的实际电流值应等于仪表读数除以放进钳口中的导线的圈数。

（5）测量完毕,一定要将仪表的量程开关置于最大量程位置上,以防下次使用时操作者疏忽而造成仪表损坏。

想与练：将三相异步电动机通电后,先选择合适的钳形电流表量程,然后用钳形电流表同时钳住三根相线,观察仪表读数:若读数为零,说明三相电动机正常;若读数不为零,说明三相电动机有故障。试解释出现这种情况的原因。

二、钳形电流表的构造及工作原理

1. 互感器式钳形电流表

互感器式钳形电流表由电流互感器和整流系电流表组成,如图2-34所示。电流互感器的铁芯呈钳口形,当握紧钳形电流表的把手时,其铁芯张开(如图中虚线所示),将通有被测电流的导线放入钳口中。松开把手后铁芯闭合,通有被测电流的导线相当于电流互感器的一次侧。于是在二次侧就会产生感应电流,并送入整流系电流表进行测量。电流表的标度尺是按一次侧电流刻度的,所以仪表的读数就是被测导线中的电流值。

互感器式钳形电流表只能测量交流电流。如 T301、T302、MG24 等型号的钳形电流表就属于此类仪表。

2. 电磁系钳形电流表

电磁系钳形电流表主要由电磁系测量机构构成,其结构如图2-35所示。处在铁芯钳口中的导线相当于电磁系

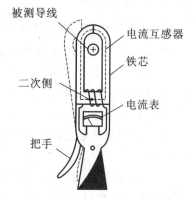

图 2-34　互感器式钳形电流表

测量机构中的线圈。当被测电流通过导线时,在铁芯中产生磁场,使可动铁片磁化,产生电磁推力,带动指针偏转,指示出被测电流的大小。由于电磁系仪表可动部分的偏转方向与电流极性无关,因此,可以交直流两用。特别是在测量运行中的绕线式异步电动机的转子电流时,因为转子电流的频率很低,若用互感器式钳形电流表则无法测出其具体数值,此时只能采用电磁系钳形电流表。

MG20、MG21 型钳形电流表就属于交直流两用的电磁系钳形电流表。

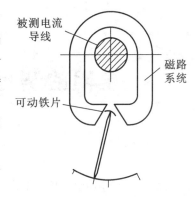

图 2-35 电磁系钳形电流表的结构

【思考与练习】

2-1 电磁系测量机构可以分为哪几种类型?各有什么特点?

2-2 电磁系测量机构的工作原理是什么?其转矩特性如何?

2-3 怎样克服外磁场对电磁系测量机构的干扰?

2-4 怎样扩大电磁系电流表的量程?

2-5 怎样扩大电磁系电压表的量程?

2-6 电磁系仪表的刻度是否均匀?为什么?

2-7 试说明电磁系仪表具有的主要技术特性。

2-8 磁电系测量机构由哪几个主要部分组成?

2-9 磁电系测量机构的工作原理是什么?

2-10 磁电系测量机构为什么不能直接用来测量交流电流?

2-11 为什么电流表要和负载串联,电压表要和负载并联?如果接错了,会有什么后果?

2-12 对电压表和电流表的内阻各有什么要求?为什么?

2-13 磁电系仪表的刻度是否均匀?为什么?

2-14 试说明磁电系电流表中分流器的作用。

2-15 磁电系电流表中被测电流和测量机构内的电流有什么关系?

2-16 试说明磁电系电压表中附加电阻的作用。磁电系电压表中被测电压和测量机构内的电压有什么关系?

2-17 有一磁电系表头,其内阻为 45 Ω,满刻度电流为 1 mA,若将其做成量程为 100 mA 的直流毫安表,求分流电阻值。

2-18 有一磁电系表头,其内阻为 150 Ω,额定内阻压降为 45 mV,若将其做成量程为 15 V 的直流电压表,求附加电阻值。

2-19 一磁电系电压表的内阻为 3000 Ω,量程为 3 V,现在要将量程扩大为 300 V,求附加电阻值。

2-20 一磁电系毫安表,其表头满刻度电流为 1 mA,表头内阻为 98 Ω,分流电阻为 2 Ω,求它的测量上限。

2-21 将 220 V 的正弦交流电压经过全波整流后,用磁电系电压表测量,试问电压表的读数是多少?

2-22 试说明磁电系仪表的优缺点。

第三章

电阻的测量

电阻的测量在电工测量中占有十分重要的地位。工程中测量的电阻值的范围一般为 $10^{-5} \sim 10^8$ Ω,甚至更宽。为了选用合适的测量电阻的方法,以达到减小测量误差的目的,通常将电阻按阻值的大小分为三类:1 Ω 以下为小电阻;1 Ω～100 kΩ 为中电阻;100 kΩ 以上为大电阻。实际生产中,除了可以用万用表的欧姆挡测量电阻之外,还可根据测量的要求采用不同的电工仪表进行测量。如精确测量线圈和导线的电阻要用直流电桥,测量电气设备的绝缘电阻要用兆欧表,测量接地装置的接地电阻要选用接地电阻表等。本章以生产实际中应用较广泛的测量电阻的仪表,如直流单臂电桥、兆欧表、接地电阻表为例,介绍测量各种电阻的方法,以及测量电阻常用的电工仪表的结构、工作原理和使用方法。

◀ 第一节　直流单臂电桥 ▶

直流单臂电桥是一种常用的比较式电工仪表,主要用于精确测量 1 Ω～100 kΩ 之间的中值电阻,如电机绕组的电阻、导线的电阻等。它是以准确度很高的标准电阻器作为标准量,然后用比较的方法去测量电阻的,因此,直流单臂电桥的准确度很高。

电桥的种类有很多,如直流电桥分为单臂电桥和双臂电桥两种,交流电桥有电容电桥和电感电桥。其中,电容电桥可用于测量电容,电感电桥可用于测量电感。另外,还有能测量电阻、电容、电感的万能电桥。实际生产中,应用最广的是直流单臂电桥。

一、直流单臂电桥的使用

下面以 QJ23 型直流单臂电桥为例,说明直流单臂电桥的使用方法。

1. QJ23 型直流单臂电桥简介

QJ23 型直流单臂电桥是采用惠斯通电桥线路设计的便携式直流电桥。仪器内置指零仪,可内附工作电源,适合在实验室、车间、学校及无交流电源的现场使用。

QJ23 型直流单臂电桥是一种电工常用的比较式仪表,其外形如图 3-1 所示。它的比例臂 R_2/R_3 分为 0.001,0.01,0.1,1,10,100,1000 等七个挡,由一个转换开关进行换接,比例臂的读数盘设在面板左上方。比较臂 R_4 由四个可调标准电阻 (9×1 Ω,9×10 Ω,9×100 Ω,9×1000 Ω) 组成,它们分别由面板上的四个读数盘控制,可得到 0～9999 Ω 范围内的任意电阻值。

仪表面板上标有"Rx"的两个端钮用来连接被测电阻。当需要使用外接电源时,可从面

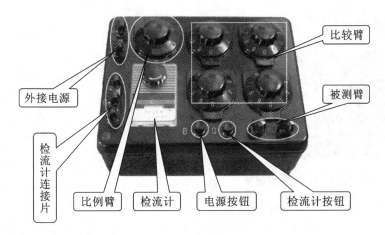

图 3-1　QJ23 型直流单臂电桥外形图

板左上角标有"B"的两个端钮接入,使用时应注意"＋""－"极性不得接反。如需使用外附检流计时,应使用连接片将内附检流计短路,再将外附检流计接在面板左下方标有"外接"的两个端钮上。

> **注意**:若使用外接电源,电池电压要按照规定选择使用。QJ23 型直流单臂电桥使用的电池电压为 45 V。如所用的电压太高,可能造成电桥的桥臂电阻被烧坏;太低时,电桥灵敏度将降低。

2. 直流单臂电桥的使用方法

(1)使用前先将检流计的锁扣打开,调节调零器使指针指在零位。

(2)根据被测电阻估计值选择适当的比例臂,使比较臂的四个可调标准电阻都能被充分利用,从而提高测量准确度。

(3)接入被测电阻时,应采用较粗、较短的导线,并将接头拧紧。

(4)当测量电感线圈的直流电阻时,应先按下电源按钮,再按下检流计按钮。测量完毕,应先松开检流计按钮,后松开电源按钮,以免被测线圈产生自感电动势损坏检流计。

(5)电桥电路接通后,若发现检流计指针向"＋"方向偏转,应增大比较臂电阻;反之,若检流计指针向"－"方向偏转,应减小比较臂电阻。如此反复调节比较臂电阻,直至检流计指针指零,此时,被测电阻＝比例臂倍率×比较臂电阻。

(6)电桥使用完毕,应先切断电源,然后拆除被测电阻,最后将检流计锁扣锁上。

跟我练:

用直流单臂电桥测量电动机绕组的直流电阻。

三相异步电动机中三相定子绕组的匝数必须完全相等,否则,将会影响制造出的电动机的运行稳定性并产生噪声。实际中,三相定子绕组绕制完成后,都要先用直流单臂电桥精确测量三相绕组的直流电阻是否相等,以判断三相绕组是否完全对称。下面以测量三相异步电动机绕组线圈的直流电阻为例,说明直流单臂电桥的使用方法。

[实验器材]直流单臂电桥 1 台,万用表 1 块,三相交流异步电动机 1 台(若没有,也可准备不同阻值的电阻若干以备测量),连接导线 2 根。

图 3-2　调节调零器使检流计指针指零

[实验步骤]

（1）使用前先将检流计的锁扣打开,调节调零器使指针指在零位,如图3-2所示。

这里,打开检流计锁扣是指将检流计按钮"G"旋转一个角度,使该按钮自行弹起即可。

（2）打开三相异步电动机的接线盒(见图3-3),用万用表的欧姆挡估计被测电阻的大致范围。由于测量的是线圈电阻,而一般线圈都是由导电性能良好的铜线或铝线制成的,因此,其电阻值很小,可用万用表欧姆挡的×1挡或×10挡进行估测,如图3-4所示。

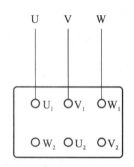

图 3-3　电动机的接线盒

图 3-4　用万用表估测被测电阻

（3）根据被测电阻估计值选择适当的比例臂,使比较臂的四个可调标准电阻都能被充分利用,从而提高测量准确度。例如,用万用表测量的被测电阻估计值约为 5 Ω 时,应选用 0.001 挡的比例臂。由于被测电阻＝比例臂倍率×比较臂电阻,此时比较臂的四个可调标准电阻将全部用上,若比较臂电阻为 5231 Ω,比例臂倍率为 0.001,则被测电阻＝0.001×5231 Ω＝5.231 Ω。可见,用直流单臂电桥测量的准确度比用万用表欧姆挡测量的准确度要高得多。但是,若比例臂选用 1 挡,用万用表测量的被测电阻估计值约为 5 Ω 时,则测量结果只能是 1×5 Ω＝5 Ω,比较臂的四个电阻只用了一个,其他三个电阻都不能使用,因此不能得到准确结果。

同理,被测电阻为几十欧姆,比例臂应选用 0.01 挡;被测电阻为几百欧姆,比例臂应选用 0.1 挡;而被测电阻为几千欧姆时,比例臂应选用 1 挡。

（4）先测量电动机的 V 相绕组,接入被测电阻时,应采用较粗、较短的导线,并将接头拧紧,如图3-5所示。用同样的方法测量 U 相、W 相绕组电阻,并将测量结果填入表3-1中。

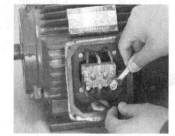

图 3-5　用扳手将接头拧紧

注意:将检流计按钮"G"按下后旋转一个角度,保持该按钮按下状态即为锁住状态。

表 3-1　用直流单臂电桥测量电动机绕组的直流电阻

被测电阻	U 相绕组电阻	V 相绕组电阻	W 相绕组电阻	绕组是否对称
万用表测量值				
直流单臂电桥测量值				

3. 使用直流单臂电桥的注意事项

(1) 测量过程中,一定要在确认检流计指针指在零位时才能读数。

(2) 连接导线要尽量短些、粗些,以减小测量误差。

二、直流单臂电桥的结构及工作原理

前面已经讲述了使用直流单臂电桥测量电阻的方法,同时也明白,再好的仪表如果不会正确使用,同样不会得到准确的测量结果。那么,直流单臂电桥为什么能够准确测量电阻呢? 它是如何组成的呢? 下面来讨论这些问题。

直流单臂电桥又称惠斯通电桥,是一种专门用来精确测量中电阻的电工测量仪器。图 3-6 所示是它的原理图,R_X,R_2,R_3,R_4 组成电桥的四个臂,其中 R_X 叫被测臂,R_2,R_3 合在一起叫比例臂,R_4 叫比较臂。实际中,电阻 R_2,R_3,R_4 都做成可调的,便于测量时调整。

当接通开关 SB 后,调节标准电阻 R_2、R_3、R_4,使 M 点电位等于 N 点电位时,检流计指针指零。此时,桥上电流等于零,可视为开路,这种状态叫作电桥的平衡。此时有

$$I_1 R_X = I_4 R_4$$
$$I_2 R_2 = I_3 R_3$$

由于电桥平衡时,桥上电流为零,故有 $I_1 = I_2$,$I_3 = I_4$,代入上式,并将两式相除,可得

$$\frac{R_X}{R_2} = \frac{R_4}{R_3}$$

即

$$R_X = \frac{R_2}{R_3} \times R_4$$

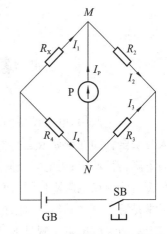

图 3-6　直流单臂电桥的原理图

上式说明,电桥平衡时,被测电阻 R_X 等于比较臂电阻 R_4 和比例臂倍率 R_2/R_3 的乘积。所以测量时,只有当电桥处于平衡状态时,即桥上电流为零时,上式才会成立。也只有在此情况下,被测电阻才等于比例臂倍率乘以比较臂电阻。

三、直流双臂电桥

直流双臂电桥又称凯文电桥,和直流单臂电桥相比,它能够消除接线电阻和接触电阻对测量结果的影响。因此,直流双臂电桥在实际中专门用来进行 1 Ω 以下小电阻的精密测量。如用于测量金属棒、电缆、导线、金属导体的电阻值,检查电流汇流排、金属壳体等焊接质量

的好坏,对开关、电器、接触电阻的测定,对低阻标准电阻、直流分流器等的校验和调整,对各类型电机、变压器绕组的直流电阻测量和温升试验等。图 3-7 所示为 QJ44 型直流双臂电桥的外形图。

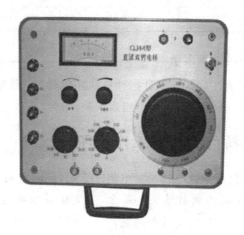

图 3-7　QJ44 型直流双臂电桥的外形图

◀ 第二节　绝缘电阻的测量 ▶

实际生产中,电气设备绝缘性能的好坏,直接关系到电气设备的正常运行和操作人员的人身安全。如在维修或运行电气设备(如电机、电缆、家用电器等)时,若电气设备的绝缘电阻下降,就会存在用电安全问题。绝缘材料在受热和受潮时发生老化,电气设备的污染等原因都会使绝缘电阻降低,从而造成电气设备漏电或短路事故的发生。电气设备的绝缘性能通常是通过测量其绝缘电阻的大小来判断的。为了避免事故发生,就要求定期测量各种电气设备的绝缘电阻。测量电气设备绝缘电阻的目的是:了解电气设备绝缘结构的绝缘性能,判断是否存在局部绝缘介质开裂或损坏的情况;了解绝缘体是否受潮或受污染;检验绝缘能否承受耐压试验。

正常情况下,电气设备的绝缘电阻数值都非常大,通常在几兆欧到几百兆欧,远远大于万用表欧姆挡的有效量程。在此范围内,欧姆表的非线性会造成很大的测量误差。另外,由于欧姆表内的电池电压太低,在低电压下的测量值不能反映在高电压条件下工作的真正绝缘电阻值。因此,不能用万用表测量电气设备的绝缘电阻。兆欧表是一种专门用于测量绝缘电阻的最常用的仪表。由于它在测量绝缘电阻时本身就备有高电压电源,所以,用兆欧表测量绝缘电阻既方便又可靠。但是如果使用不当,它将会给使用者带来一定的安全隐患,同时也给测量带来不必要的误差,因此,我们必须掌握正确使用兆欧表的方法。

一、兆欧表的使用

绝缘电阻是指用绝缘材料隔开的两部分导体之间的电阻,为了保证人身安全和电气设备运行的安全,对不同相导电体之间或导电体与设备外壳之间的绝缘电阻都有一个最低值的要求，例如，室内低压电气线路中对绝缘电阻的要求是：相线对大地或对中性线之间的绝缘电阻不应小于 0.22 MΩ，相线与相线之间的绝缘电阻不应小于 0.38 MΩ。而对家用电器则规定：基本绝缘电阻为 2 MΩ，加强绝缘电阻为 7 MΩ。对高压电机规定每千伏工作电压的绝缘电阻不低于 1 MΩ，低压电机的不低于 0.5 MΩ。影响绝缘电阻大小的主要因素有温度、湿度，以及外加电压大小和作用时间、绝缘体表面状况等。

1. ZC25 型兆欧表简介

兆欧表又称绝缘电阻表，俗称"摇表"。兆欧表的用途非常广泛，主要用来测量和检验电气设备、输电线和电缆等器材的绝缘电阻。

ZC25 型兆欧表适用于测量各种电机、电缆、变压器、电子元器件、家用电器和其他电气设备的绝缘电阻。该表内部采用手摇交流发电机，然后通过整流滤波电路将交流电压转换成仪表所需要的直流电压。兆欧表具有使用简单，携带方便，测量时不需要其他设备，不用外接电源，并可以直接读出测量结果等优点。

ZC25 型兆欧表目前主要有四种规格，如表 3-2 所示，使用时可根据需要选择不同规格的兆欧表。

表 3-2　ZC25 型兆欧表型号及其测量范围与额定电压

型　　号	额定电压/V	误　　差	测量范围/MΩ
ZC25-1	100	±10%	0～100
ZC25-2	250	±10%	0～250
ZC25-3	500	±10%	0～500
ZC25-4	1000	±10%	0～1000

ZC25 型兆欧表的外形如图 3-8 所示。其内部使用的是手摇交流发电机，发电机的手柄在仪表的一侧。它的接线端钮有三个，集中在仪表的另一侧。其中的线路端钮"L"和接地端钮"E"比较明显，而平时不经常使用的屏蔽端钮"G"则放在线路端钮"L"的下侧，使用时应注意。

2. 兆欧表的选择

兆欧表主要是根据被测设备的电压和要测量的电阻的范围来选择的。选择兆欧表的原则有两个方面。一是其额定电压一定要与被测电气设备或线路的工作电压相适应。一般情况下，额定电压为 500 V 及以下的电气设备，可选用额定电压为 500 V、1000 V 的兆欧表；额定电压为 500 V 以上的电气设备，选用额定电压为 2500 V 的兆欧表；高压设备选用额定电压为 2500～5000 V 的兆欧表。如果用额定电压在 500 V 以下的兆欧表测量高压设备的绝缘电阻，则测量结果不能正确反映其在工作电压下的绝缘电阻值。同样，也不能用额定电压太高的兆欧

图 3-8　ZC25 型兆欧表外形图

表去测量低压电气设备的绝缘电阻，以免损坏其绝缘。二是兆欧表的测量范围要与被测绝缘电阻的范围相符合，以免引起大的读数误差。如有些兆欧表的读数不是从零开始，而是从 1 MΩ 或 2 MΩ 开始的，这种表不适合测量处在潮湿环境下的低压电气设备的绝缘电阻，因为这类设备的绝缘电阻有可能小于 1 MΩ，这时仪表的指针基本指零，人们易误认为绝缘电阻为零而造成大的测量误差。

3. 兆欧表的接线

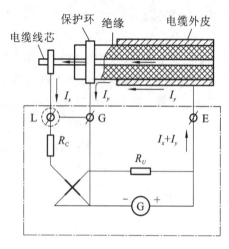

图 3-9　兆欧表屏蔽端钮的作用

兆欧表有三个接线端钮，分别标有 L（线路端钮）、E（接地端钮）和 G（屏蔽端钮），使用时应按测量对象的不同来选用。当测量电气设备对地的绝缘电阻时，应将 L 端钮接到被测设备上，E 端钮可靠接地即可。当测量表面不干净或潮湿的电缆的绝缘电阻时，为了能够准确测量其绝缘材料内部的绝缘电阻（即体积电阻），就必须使用 G 端钮，其接线如图 3-9 所示。这样，绝缘材料的表面漏电电流沿绝缘体表面经 G 端钮直接流回电源负极。而反映体积电阻的 I_x 则经绝缘电阻内部、L 端钮、线圈回到电源负极。所以，屏蔽端钮 G 的作用是屏蔽绝缘体表面的漏电电流。由于加接屏蔽端钮 G 后的测量结果只反映绝缘电阻的大小，因而大大提高了测量的准确度。

4. 兆欧表的检查

使用兆欧表之前，要先通过开路实验和短路实验来检查兆欧表的好坏。开路实验的方法是：在兆欧表未接通被测电阻之前，即将端钮 E 和 L 分开，摇动手柄使发电机转速达到 120 r/min 的额定转速，若指针指在标度尺的"∞"位置，则认为开路实验合格。再将端钮 L 和 E 短接进行短路实验，注意此时要缓慢摇动手柄，若指针指在标度尺的"0"位置，则认为兆欧表短路实验合格。如果进行上述实验时指针不能指在相应的位置，表明兆欧表内部有故障，必须检修后才能使用。

跟我练：

用兆欧表测量三相异步电动机的绝缘电阻。

［实验器材］500 V 兆欧表 1 块，三相交流异步电动机 1 台。

［实验步骤］

（1）测量前先停电、验电，再将被测电动机的测量处和兆欧表擦拭干净，尽量减小接触电阻，确保测量结果的正确性。

测量前必须将被测设备电源切断，并对地短路放电，绝不允许设备带电进行测量，以保证人身和设备的安全。对含有大电容的设备，测量前应先进行放电，测量后也应及时放电，放电时间不得少于 2 min，以保证人身安全。对可能感应出高电压的设备，必须消除这种可能性后，才能进行测量。

（2）使用兆欧表时将其放在平稳、牢固的地方，且远离大外电流导体和外磁场。进行兆欧表的开路实验，如图3-10所示。在兆欧表未接通被测电阻之前，将兆欧表的两端钮 L 和 E 开路，由慢至快摇动手柄，使发电机转速达到 120 r/min 的额定转速，若指针指在标度尺的"∞"位置，则认为开路实验合格。

（3）进行兆欧表的短路实验，如图3-11所示。将端钮 L 和 E 短接后进行短路实验，缓慢摇动手柄，若指针指在标度尺的"0"位置，则认为兆欧表短路实验合格。

图 3-10　兆欧表的开路实验

图 3-11　兆欧表的短路实验

（4）兆欧表与被测设备间的连接导线不能用双股绝缘线或绞线，应用单股线分开单独连接，以避免线间电阻引起的误差。接线时，将兆欧表的 E 端钮接到电动机的外壳上，L 端钮接到电动机接线盒内的 U 端钮上。测量时的姿势如图3-12所示，一手固定兆欧表，一手摇动兆欧表手柄使发电机转速达到 120 r/min，测量 U 相对地的绝缘电阻，将测量结果填在表 3-4 中。然后用同样的方法测量 V 相、W 相的对地绝缘电阻，也填入表 3-4 中。

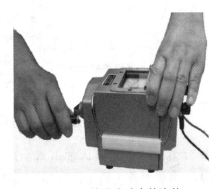

图 3-12　使用兆欧表的姿势

摇动兆欧表手柄时应由慢渐快至发电机转速达到额定转速 120 r/min，在此过程中，若发现指针指零，说明被测绝缘物发生短路事故，应立即停止摇动手柄，以防表内线圈因发热而损坏。

（5）测量电动机每两相之间（如 U、V 相，V、W 相，W、U 相之间）的绝缘电阻，并将测量结果填入表 3-4 中。通常相间绝缘电阻大于 0.5 MΩ 为合格。

（6）测量设备的绝缘电阻时，应记下测量时的温度、湿度、被测设备的状况等，以便于分析测量结果。

表 3-3　用兆欧表测量三相异步电动机的绝缘电阻

测量项目	U 相对地的绝缘电阻	V 相对地的绝缘电阻	W 相对地的绝缘电阻	U、V 相间的绝缘电阻	V、W 相间的绝缘电阻	W、U 相间的绝缘电阻
测量结果						

5. 使用兆欧表的注意事项

（1）对于含有大电容设备的绝缘电阻，测量后不能立即停止摇动兆欧表手柄，以防已充电的设备放电而损坏兆欧表。应在读数后一边降低手柄转速，一边拆去接地线。在兆欧表手柄停止转动和被测设备充分放电之前，不能用手触及被测设备的导电部分。

（2）要注意安全操作。由于兆欧表在工作时自身会产生高电压，而测量对象又是电气设备，所以要特别注意安全。比如，测量过程中，两手不得接触电气设备外壳和表的端钮；使用后应将兆欧表两端钮短路放电后妥善放置保存，否则容易造成人身或设备事故。

二、兆欧表的工作原理

当 $R_X = \infty$ 时，相当于 L 与 E 两端钮间开路，$I = 0$，而在气隙磁场中受电磁力产生 M_2，根据左手定则，M_2 将使指针逆时针转动至最左端的"∞"位置。

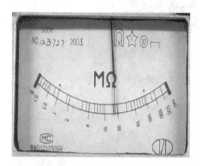

图 3-13　兆欧表的标度尺

当 $R_X = 0$ 时，相当于 L 与 E 两端钮间短路，只要适当选择 R_C 的数值，就可使指针处于平衡状态，指在标度尺的"0"位置。

接通 R_X 后，开始时 $M_1 > M_2$，指针按 M_1 方向顺时针转动，但由于磁场的不均匀，M_1 将逐渐减弱，M_2 逐渐增强，当 $M_1 = M_2$ 时，指针就停留在一定位置上，指示出被测电阻的大小。可见，兆欧表的标度尺与万用表的欧姆标度尺相似，其方向都是与电流表的刻度方向相反的，如图 3-13 所示。

三、ZC25 型兆欧表的内部电路

ZC25 型兆欧表的内部电路如图 3-14 所示，其内部的测量机构采用磁电系比率表。该表与一般兆欧表相比，不同的是采用手摇交流发电机而不是直流发电机，它输出的交流电压通过倍压整流电路，转换成仪表所需要的直流电压，供测量线路使用。倍压整流电路由图 3-14 中的 V_1、V_2 和 C_1、C_2 组成。由于采用倍压整流，所需的交流电压只是直流发电机电压的一半，因此被广泛使用。另外，还有的兆欧表利用 220 V 交流电压作为电源或电池作为电源。不论采用何种电源，最终都必须将电源电压转换成直流电压。

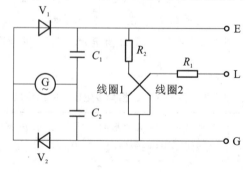

图 3-14　ZC25 型兆欧表的内部电路

◀ 第三节　接地电阻的测量 ▶

接地电阻表主要用于测量电气设备接地装置以及避雷装置的接地电阻,又称为接地电阻测试仪。由于其外形与摇表(兆欧表)相似,又俗称接地摇表。按有关电工安全作业规定,接地装置必须进行定期检查和维修,以确保其安全可靠性。如生产实际中,要求接地装置的接地电阻值必须定期复测,其具体规定为:工作接地每隔半年至一年复测一次,保护接地每隔一年至两年复测一次,当接地电阻值增大时,应及时修复,以免形成事故隐患。常用接地电阻的阻值要求为:电力系统中,工作接地的阻值不得大于 4 Ω,保护接地的阻值不得大于 4 Ω,重复接地的阻值不得大于 10 Ω;防雷保护时,独立避雷针的接地阻值不得大于 10 Ω;变配电所阀型避雷器的接地阻值不得大于 5 Ω。

测量接地电阻的方法有很多,如电桥法、V-A 法、补偿法等。下面重点介绍一种工厂、企业中常用的 ZC-8 型接地电阻表。

一、ZC-8 型接地电阻表的使用

1. ZC-8 型接地电阻表简介

接地电阻表适用于直接测量各种接地装置的接地电阻值,亦可用于一般低电阻的测量,四端钮接地电阻表还可以测量土壤电阻率。ZC-8 型接地电阻表的外形如图 3-15 所示。ZC-8 型接地电阻表有三个端钮,其中的端钮 E 在使用时与被测接地极 E′ 相接即可,端钮 C 接电流探针,端钮 P 接电位探针。其附件有两根探针和三根连接线,其中最长的一根连接线长 40 m,用于连接电流探针;一根线长 20 m,用于连接电位探针;最短的一根线长 5 m,用于连接仪表与接地极。另外,为方便测量,使用时还要配置一把锤子,用于将探针砸入地下。

图 3-15　ZC-8 型接地电阻表的外形

2. 接地电阻表的使用与维护

使用接地电阻表测量接地电阻的步骤如下。

(1) 拆开接地干线与接地体的连接点。

(2) 按图 3-16 所示连接接地电阻表。将一根探针插在离接地体 40 m 远的地下,另一根探针插在离接地体 20 m 远的地下,两根探针和被测接地极之间成一直线分布。两根探针均需插入地下 400 mm 深。

(3) 将仪表放平,检查检流计指针是否指在中心线上,若没有指在中心线上,可以通过调零器进行调整。

(4) 用导线将接地极 E′ 与仪表端钮 E 相接,电位探针 P′ 与端钮 P 相接,电流探针 C′ 与端钮 C 相接,如图 3-16(a)所示。如果使用的是四端钮接地电阻表,其接线方式如图 3-16(b)所示。

当被测接地电阻小于 1 Ω(如高压线塔杆的接地电阻)时,为消除接线电阻和接触电阻的

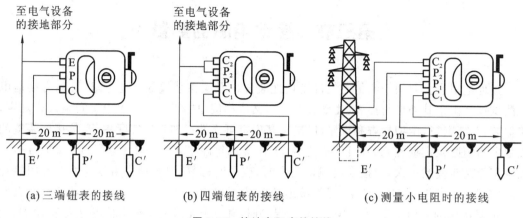

(a)三端钮表的接线　　(b)四端钮表的接线　　(c)测量小电阻时的接线

图 3-16　接地电阻表的接线

影响,应使用四端钮表,接线如图 3-17(c)所示。

(5)将量程开关置于最大量程处,缓慢摇动发电机手柄,同时转动测量标度盘,使检流计指针处于中心线位置上。当检流计接近平衡状态时,要加快摇动手柄,使发电机转速升至额定转速 120 r/min,同时调节测量标度盘,使检流计指针稳定指在中心线位置,此时即可读取表的示值。

$$接地电阻＝倍率×测量标度盘读数(R_s)$$

例如,倍率旋钮置于"×10"的位置,测量标度盘读数为"0.4",则被测接地电阻为 0.4× 10 Ω＝4 Ω。

如测量标度盘的读数小于 1 时,应将倍率旋钮置于较小倍率处,再重新调整测量标度盘以得到合适的读数。

(6)每次测量完毕后,将探针拔出并擦干净,将导线整理好,以便下次使用。将仪表存放于干燥、避光、无振动的场合。

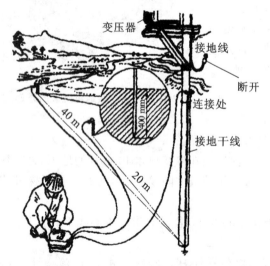

图 3-17　用接地电阻表测量变压器接地装置的接地电阻

跟我练:

用接地电阻表测量变压器接地装置的接地电阻(见图 3-17)。

[实验器材]接地电阻表 1 套(包括 1 块接地电阻表、2 根探针、3 根不同长度的连接线),变压器接地装置 1 处。

[实验步骤]

(1)首先进行停电作业,拆开接地干线与接地体的连接点。

(2)参照图 3-17 所示的方法进行实验。先用锤子将两根探针砸入土壤中,且使两根探针与接地极在一条直线上,即处在同一方向上,相互之间距离 20 m。

(3)仪表应水平放置,并远离电场。将仪表放平,确认检流计指针指在中心线上。

(4) 将 5 m 连接线的两端分别连接接地电阻表的 E 端钮与被测接地极,将 20 m 导线的两端分别连接接地电阻表的 P 端钮与电位探针,将 40 m 的连接线两端分别连接接地电阻表的 C 端钮与电流探针。测量连接线应用鲤鱼夹与探针保持良好接触。

(5) 根据被测接地电阻值选好倍率挡位。一般来说,测量工作接地、保护接地、重复接地的接地电阻时,倍率挡应选×1 挡。在检查接线正确无误后,将量程开关置于最大量程处,缓慢摇动发电机手柄,同时转动测量标度盘,使检流计指针处于中心线位置上。当检流计接近平衡状态时,加快摇动手柄,使发电机转速升至额定转速 120 r/min,同时调节测量标度盘,使检流计指针稳定指在中心线位置,此时即可读取表的示值。

$$接地电阻＝倍率×测量标度盘读数(R_S)$$

(6) 测量完毕后,将探针拔出并擦干净,将导线整理好,以便下次使用。将仪表存放于干燥、避光、无振动的场合。

3. 使用接地电阻表的注意事项

(1) 当检流计的灵敏度过高时,可将电位探针在土壤中插入浅一些。当检流计的灵敏度不够时,可沿电位探针和电流探针注水润湿。

当大地干扰信号较强时,可以适当改变手摇发电机的转速,提高抗干扰的能力,以获得平稳读数。

(2) 当接地极 E′ 和电流探针 C′ 之间的距离大于 40 m 时,电位探针 P′ 可插在 E′、C′ 连线中间位置几米以外,其测量误差可忽略不计。

当接地极 E′ 和电流探针 C′ 之间的距离小于 40 m 时,则应将电位探针 P′ 插于 E′ 与 C′ 的连线中间。

(3) 为了保证所测电阻值的可靠性,应在一次测量结束后,移动两根探针的位置,换一个方向进行复测。一般每次所测的电阻值不会完全一致,可取几个测量值的平均值作为最终确定的数值。

(4) 使用接地电阻表时应小心轻放,避免振动,以防轴尖宝石轴承受损而影响指示。

(5) 测量过程中,最好以每组 3~4 人进行分组测量,以便于操作。

(6) 测量过程中,一定要注意安全操作。

二、接地电阻表的结构及工作原理

1. 接地电阻表的结构

ZC-8 型接地电阻表是一种专门用于测量接地电阻的便携式仪表,它也可以测量小电阻及土壤电阻率。ZC-8 型接地电阻表采用了补偿法测量接地电阻的原理,其原理如图 3-18 (a) 所示。它主要由手摇交流发电机、电流互感器、电位器以及检流计组成。其附件有两根接地探针(电位探针、电流探针)和三根导线(长 5 m 的一根用于连接被测接地极,20 m 的一根用于连接电位探针,40 m 的一根用于连接电流探针)。当摇动交流发电机手柄时,发电机能产生 110~115 Hz、1 V 的交流电压,发电机额定转速为 120 r/min。

2. 接地电阻表的工作原理

手摇交流发电机输出的电流 I 经电流互感器 TA 的一次侧→接地极 E′→大地→电流探针 C′→发电机,构成闭合回路。当电流 I 流入大地后,经接地极 E′ 向四周散开。离接地体越远,电流通过的截面越大,电流密度越小。一般认为,到 20 m 处时,电流密度为零,电位也等于零,这就是电工技术中所指的"零电位"。电流 I 在流过接地电阻 R_x 时产生的压降 IR_x,在流经 R_c 时同样产生压降 IR_c,其电位分布如图 3-18(b)所示。

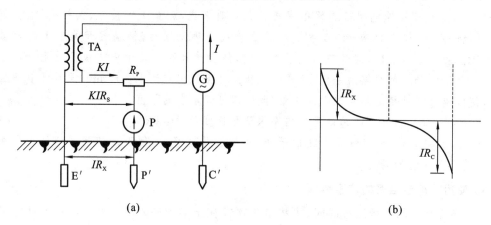

(a)   (b)

图 3-18 ZC-8 型接地电阻表的工作原理

若电流互感器的变流比为 K,其二次侧电流为 KI,它流过电位器 R_P 时产生的压降为 KIR_S(R_S 是 R_P 最左端与滑动触点之间的电阻)。调节 R_P 使检流计指针指零,则有

$$IR_x = KIR_S$$

两边同时除以电流 I,得

$$R_x = KR_S$$

上式说明,被测接地电阻 R_x 的值,可由电流互感器的变流比 K 以及电位器的电阻 R_S 来确定,而与 R_c 无关。

【思考与练习】

3-1 直流单臂电桥用于什么场合?测量中应遵循什么原则?

3-2 直流单臂电桥为什么不能测量小电阻?直流双臂电桥为什么能测量小电阻?

3-3 用 QJ23 型直流单臂电桥分别测量标称值为 8 Ω、810 Ω 和 56 kΩ 的三只电阻,问如何选择倍率?

3-4 用国产 QJ103 型直流双臂电桥测量某电阻值时,倍率为 0.1,标准电阻读数盘读数为 0.1052 Ω,被测电阻值为多少?

3-5 为什么在使用兆欧表测量绝缘电阻前,要先将被测设备短路放电?

第四章

万 用 表

万用表又称为复用表、多用表、三用表、繁用表等,是电力电子等部门不可缺少的测量仪表,一般以测量电压、电流和电阻为主要目的。

万用表按显示方式分为模拟式万用表(又称为指针式万用表)和数字式万用表。模拟式万用表是以表头为核心部件的多功能测量仪表,测量值由表头指针指示读取。数字式万用表的测量值由液晶显示屏直接以数字的形式显示,读取方便,有些还带有语音提示功能。

万用表是一种多功能、多量程的测量仪表,其共用一个表头,集电压表、电流表和欧姆表于一体,一般可测量直流电流、直流电压、交流电压、电阻和音频电平等,有的还可以测量交流电流、电容量、电感量及半导体的一些参数等。数字式万用表已逐渐取代模拟式万用表,成为主流。与模拟式万用表相比,数字式万用表灵敏度高,准确度高,显示清晰,过载能力强,便于携带,使用也更方便、简单。

◀ 第一节　模拟式万用表的组成 ▶

一、模拟式万用表的结构

模拟式万用表主要由磁电系表头、转换开关和测量线路组成。

1. 表头

表头是万用表的关键部件,万用表的许多性能都是由表头决定的,万用表的表头是灵敏电流计。万用表的表头都采用高灵敏度的磁电系测量机构,表头的满偏电流常为几十微安,满偏电流越小,灵敏度越高,测量电压时仪表的内阻就越大。一般的万用表,直流电压挡内阻(即万用表测量每伏电压所具有的内阻)可达 20 kΩ/V～100 kΩ/V,交流电压挡内阻一般要低一些。模拟式万用表由表头指针指示被测量的数值。

表头上的表盘印有多种符号、刻度线和数值。符号 A-V-Ω 表示这只电表是可以测量电流、电压和电阻的多用表。表盘上印有多条刻度线,其中右端标有"Ω"的是电阻刻度线,其右端为 0,左端为∞,刻度值分布是不均匀的。符号"—"或"DC"表示直流,"～"或"AC"表示交流,"DCV/ACV"表示交流和直流共用的刻度线。刻度线下的几行数字是与转换开关的不同挡位相对应的刻度值。

2. 转换开关

万用表中的转换开关是重要部件,它的作用是选择测量线路和改变测量范围,以满足不同种类和不同量程的测量要求。转换开关一般是一个圆形拨盘,在其周围分别标有功能和量程。一般的万用表测量项目包括:"DCmA"——直流电流、"DCV"——直流电压、"ACV"——交流电压、"Ω"——电阻。每个测量项目又分为几个不同的量程以供选择。

转换开关由多个固定接触点和活动接触点组成。当固定接触点与活动接触点接触时,就可以接通电路。活动接触点一般称为"刀",固定接触点一般叫作"掷"。万用表中所用的转换开关通常为多刀多掷,且各刀之间是联动的。旋转刀的位置就可以使某些活动接触点与固定接触点接触,接通不同的电路。

对转换开关的要求有:接触点接触紧密可靠,活动接触点定位要准确,不至于在转换时停留在两挡中间,接触点导电性良好;转轴应旋动轻松而且具有弹力,位置一经选定,稍用力再旋转时,不应左右晃动。

3. 测量线路

测量线路的作用是把各种被测量转换成适合表头测量的直流微小电流,它由电阻、半导体元件及电池组成,它能在不同的量程下,将各种不同的被测量(如电流、电压、电阻等)经过一系列的处理(如整流、分流、分压等)变换成一定量程的微小直流电流,送入表头进行测量。

测量线路中使用的电阻元件主要是线绕电阻和金属膜电阻(早期的万用表用碳膜电阻)。用锰铜材料制成的线绕电阻为低阻值电阻,金属膜电阻阻值较高。线路中的可调电阻一般都采用线绕电位器。

二、模拟式万用表的面板

各种模拟式万用表的面板布置不完全相同,模拟式万用表的面板一般包括表面刻度盘、转换开关、机械零位调节旋钮、欧姆挡调零旋钮、供接线用的插孔或者端钮等,外形图如图 4-1 所示。

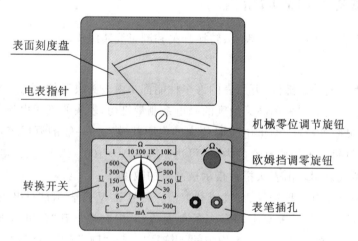

图 4-1　模拟式万用表的外形图

(1)表面刻度盘:显示各种被测量的数值及范围。

(2)转换开关:根据具体情况转换不同的量程、不同的物理量。

(3)机械零位调节旋钮:用于校准指针的机械零位。

（4）欧姆挡调零旋钮：用来进行电气零位调节。

（5）供接线用的插孔或者端钮：用来外接测试表笔。

三、模拟式万用表的主要特点

（1）灵敏度高。由于采用了灵敏度较高的磁电系表头，因此万用表的灵敏度较高。

（2）防外磁场的能力强。

（3）工作频率范围较宽。

（4）存在波形误差。万用表采用整流电路，标度尺是按正弦波交流电的有效值刻度的。

四、模拟式万用表的工作原理

MF47型万用表的工作原理图如图4-2所示。它的显示表头是一个直流微安表，WH_2是电位器，用于调节表头回路中的电流大小，D_3、D_4两个二极管反向并联并与电容并联，用于限制表头两端的电压，起保护表头的作用，使表头不致因电压、电流过大而烧坏。电阻挡分为$\times 1\ \Omega$、$\times 10\ \Omega$、$\times 100\ \Omega$、$\times 1\ k\Omega$、$\times 10\ k\Omega$ 几个量程，当转换开关打到某一个量程时，与某一个电阻形成回路，使表头偏转，测出阻值的大小。

MF47型万用表由5个部分组成：公共显示部分、保护电路部分、直流电流测量部分、直流电压测量部分、交流电压测量部分和电阻测量部分。

五、MF47型万用表的结构特征

MF47型万用表采用高灵敏度的磁电系整流式表头，造型大方，设计紧凑，结构牢固，携带方便。其零部件均选用优良的材料及工艺处理，具有良好的电气性能和机械强度。其特点如下。

（1）测量机构采用高灵敏度表头，性能稳定。

（2）线路部分可靠、耐磨、维修方便。

（3）测量机构采用硅二极管保护，保证过载时不损坏表头，并且线路设有0.5 A熔断器，以防止误用时烧坏电路。

（4）设计上考虑了湿度和频率补偿。

（5）低电阻挡选用2号干电池，容量大、寿命长。

（6）配合高压探头，可测量电视接收机内25 kV以下高压。

（7）配有晶体管静态直流放大系数检测装置。

（8）表盘标度尺刻度线与转换开关拨盘均为红、绿、黑三色，分别按交流红色、晶体管绿色、其余黑色对应制成，共有七条专用刻度线，刻度分开，便于读数；配有反光铝膜，消除视差，提高了读数精度。

（9）除交直流2500 V和直流5 A分别有单独的插孔外，其余量程只需转动转换开关即可进行选择，使用方便。

（10）装有提把，不仅便于携带，而且可在必要时做倾斜支撑，便于读数。

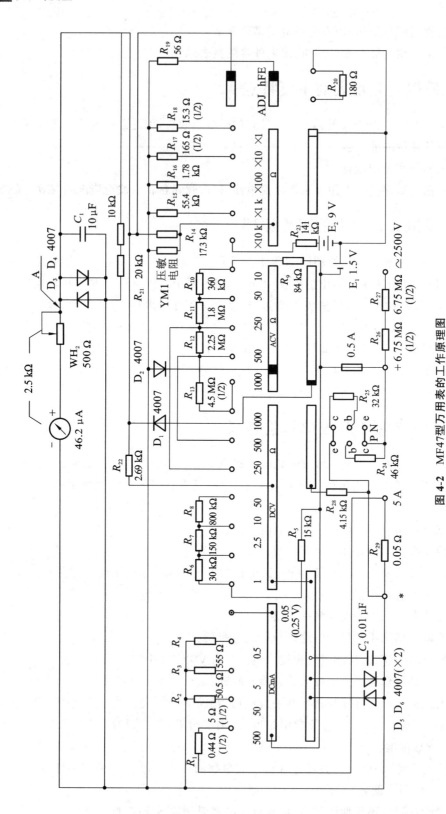

图 4-2 MF47型万用表的工作原理图

第二节 模拟式万用表的基本原理

模拟式万用表的测量过程是先通过一定的测量电路,将被测电量转换成电流信号,再由电流信号驱动磁电系表头指针偏转,在标度尺上指示出被测量的大小。模拟式万用表是在磁电系微安表头的基础上扩展而成的。

一、磁电系微安表头

模拟式万用表的核心部件是磁电系微安表头。磁电系表头利用磁场中通电线圈受磁场力作用而转动的原理工作,利用线圈的转动带动固定在线圈上的指针转动,从而指示出流过线圈的电流的大小。

磁电系表头如图4-3所示,它分为固定部分和可动部分,固定部分由马蹄形永久磁铁、极掌、固定在极掌中间的圆柱形铁芯、机械零位调节器和表盘组成。极掌与圆柱形铁芯间的气隙是均匀的。永久磁铁产生强磁场,圆柱形铁芯将磁场集中在铁芯和气隙中。机械零点调节器的作用是:当线圈没有电流流过时,指针若不指在表盘标度尺的零位,可人工转动机械零点调节器,使指针转至零位。

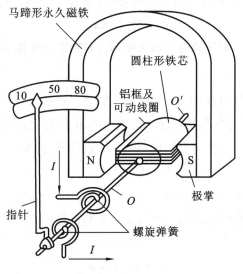

图4-3 磁电系表头

可动部分由铝框、线圈、前后两根半轴、两个螺旋弹簧和指针组成。线圈绕在铝框上,铝框固定在两个半轴上,轴上装有指针,两个半轴可在轴承中转动。铝框可以围绕着圆柱形铁芯转动。线圈的两头与装在两个半轴上的螺旋弹簧的一端相接,螺旋弹簧另一端固定在半轴上,螺旋弹簧除了产生反作用力矩外,还是将电流引入和引出的通路。

磁电系表头指针的偏转角能快速、准确无误地指示出被测量的大小,主要是以下几个力矩综合作用的结果。

1. 转动力矩

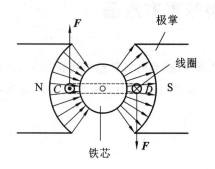

图 4-4　转动力矩的产生

转动力矩是通电线圈受磁场力的作用而产生的,如图 4-4 所示。当线圈中通过电流时,它在均匀的磁场中就会受到磁场力的作用,根据左手定则可以确定力的方向是与线圈平面相垂直的,并且产生在线圈两边。这两个大小相等、方向相反的力就会对线圈形成转动力矩,使线圈发生转动。转动力矩的大小可由下式计算

$$M = F \cdot b \tag{4-1}$$

式中,F 为线圈两边(C 边或 D 边)分别所受的力,b 为线圈的宽度(C、D 边之间的距离)。

而
$$F = BLNI$$

式中,B 为极掌与铁芯气隙中的磁场强度,L 为线圈边长,N 为线圈匝数,I 为线圈中流过的电流。

所以
$$M = BLNIb$$

其中,$L \cdot b = S$,为线圈面积。

当表头制成后,B,S,N 都为固定不变的常数,令 $K = BSN$,则

$$M = K \cdot I \tag{4-2}$$

此式说明,磁电系表头中转动力矩的大小与流过线圈的电流的大小成正比。

2. 反作用力矩

反作用力矩是由螺旋弹簧产生的,当线圈受转动力矩的作用而旋转时,螺旋弹簧被拉紧而产生反作用力矩。当反作用力矩与转动力矩大小相等时,指针就停止在某一位置上,形成一个偏转角。偏转角越大,反作用力矩也越大,其数值由下式决定

$$M_\alpha = W \cdot \alpha$$

式中,M_α 为反作用力矩,W 为弹簧的弹性系数,α 为指针的偏转角。

当指针在某一位置停止转动时,说明转动力矩与反作用力矩大小相等、方向相反,即

$$M = M_\alpha \tag{4-3}$$

因此有
$$KI = W \cdot \alpha$$
$$\alpha = (K/W)I$$

令 $K/W = S_I$,则

$$\alpha = S_I \cdot I \tag{4-4}$$

从上式可见,指针偏转角的大小与线圈中流过的电流的大小呈线性关系,所以表盘上标度尺的刻度是均匀的。

$$S_I = \alpha/I \tag{4-5}$$

S_I 称为表头的电流灵敏度,其物理意义为单位电流作用下指针的偏转角。

3. 阻尼力矩

阻尼力矩是由转动的铝框受磁场力的作用而产生的。因为线圈转动而带动铝框一起转动,使得穿过铝框的磁通发生变化,从而产生感应电流。这个感应电流的方向始终与线圈中流过的电流的方向相反,因而感应电流在磁场中产生的力矩的方向也始终与转动力矩的方向相反,称为阻尼力矩。阻尼力矩减小了指针因为惯性作用而来回摆动的幅度,使指针很快停止在平衡位置上。当指针停止在平衡位置时,阻尼力矩等于零。因此,阻尼力矩不影响指针的偏转角,只起到缩短指针摆动时间的作用。

4. 摩擦力矩

摩擦力矩是当线圈转动时,转轴与轴承间产生的一个力矩,这个力矩将影响指针的指示偏差。由于摩擦力矩的方向永远与运动方向相反,所以偏差可正可负,且摩擦力矩越大,偏差越大,测量误差也越大。为了提高仪表的准确度,通常转轴和轴承的材料都选用优质、耐磨的合金材料,并进行仔细的研磨加工。

二、直流电流表的基本原理

1. 单量程直流电流表

一个磁电系表头就是一个电流表,只不过它的量程为 I_g(一般为几微安到几十微安),若要测较大的电流时,根据并联电阻可以分流的原理,在表头两端并联一个适当阻值、适当功耗的电阻即可,如图 4-5 所示。其中 R_S 称为分流电阻,阻值的大小可由下式计算

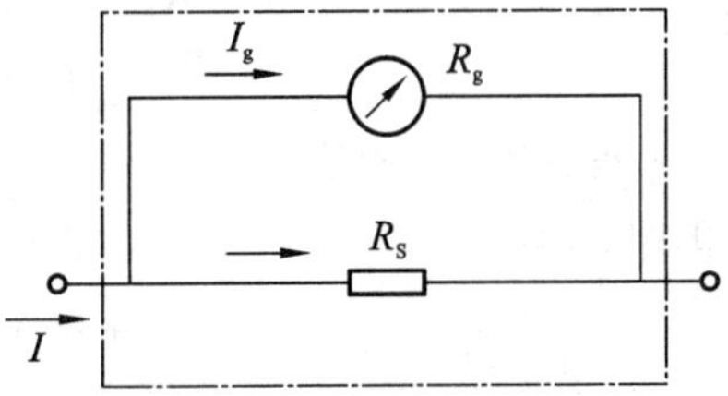

$$R_S = R_g/(n-1) \qquad (4\text{-}6)$$

图 4-5 单量程直流电流表原理图

式中,$n=I/I_g$,称为分流系数,它表示表头量程扩大的倍数。当 R_S 为定值时,被测电流 I 与流过表头的电流的大小成一定的比例,因此表头指针的偏转角可以反映被测电流的大小。

R_S 的功耗可用下式计算

$$P_S = I_S^2 \cdot R_S \qquad (4\text{-}7)$$

式中,I_S 为流过分流电阻的电流,由于 I_S 一般都远大于 I_g,所以 R_S 的功耗计算常用下式

$$P_S = I^2 \cdot R_S$$

在选择电阻时考虑留有一定的余量,R_S 应选功耗大于或等于 $1.2P_S$ 的电阻。

2. 多量程直流电流表

在实际当中,往往把电流表设计成多量程的,即在表头两端并联不同阻值的电阻,由转换开关接入电路。分流器有两种连接方法:独立分挡式和闭路抽头连接式。从保护表头的安全出发,各分流器与表头接成闭路式的,称为"环形分流器",如图 4-6 所示。图 4-6(b)所示的电流表有三挡量程,分别为 I_1、I_2、I_3。量程 I_1 的分流器为 R_1,I_2 量程的分流器为 R_1+R_2,I_3 量程的分流器为 $R_1+R_2+R_3$。各挡分流器电阻值的计算方法如下。

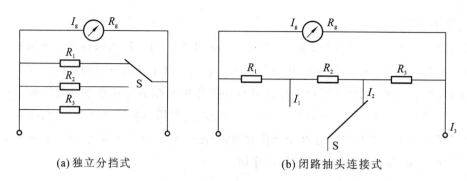

(a) 独立分挡式　　　　　　　(b) 闭路抽头连接式

图 4-6　多量程直流电流表原理图

（1）首先计算 $R_1 + R_2 + R_3$ 的值。

令 $R_S = R_1 + R_2 + R_3$，则根据式（4-6）可得

$$R_S = R_g / (n_3 - 1)$$

式中，$n_3 = I_3 / I_g$。

（2）然后计算 R_1 的值。

因为　　　　　　　　　$R_1(I_1 - I_g) = I_g \cdot (R_2 + R_3 + R_g)$

又因为　　　　　　　　　　　$R_2 + R_3 = R_S - R_1$

所以　　　　　　　　　$R_1(I_1 - I_g) = I_g \cdot (R_S - R_1 + R_g)$

得　　　　　　　　　　　　$R_1 = I_g \cdot (R_S + R_g) / I_1$

（3）再计算 R_3 的值。

由图 4-6 可知

$$(R_1 + R_2)(I_2 - I_g) = I_g \cdot (R_3 + R_g)$$

因为　　　　　　　　　　　　$R_1 + R_2 = R_S - R_3$

所以　　　　　　　　$(R_S - R_3) \cdot (I_2 - I_g) = I_g \cdot (R_3 + R_g)$

得　　　　　　　　　　　　$R_3 = R_S - (R_S + R_g) / n_2$

式中，$n_2 = I_2 / I_g$。

（4）最后计算 R_2 的值。

因为　　　　　　　　　　　$R_S = R_1 + R_2 + R_3$

所以　　　　　　　　　　　$R_2 = R_S - (R_1 + R_3)$

四、直流电压表的基本原理

1. 单量程直流电压表分压电阻的计算

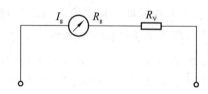

图 4-7　单量程直流电压表原理图

　　用单独的一个磁电系表头就可测量小于 U_g（$U_g = I_g \cdot R_g$）的直流电压，若要测量较大的电压，根据串联电阻可以分压的原理，在表头上串联一个适当阻值的电阻即可，如图 4-7 所示。R_v 称为分压电阻，阻值大小用下式计算

$$R_V = (U - I_g R_g)/I_g = (mU_g - I_g R_g)/I_g = (m-1) R_g \tag{4-8}$$

式中, $m = U/U_g$, 表示表头量程的扩大倍数。

当 R_V 为定值时, 被测电压 U 与流过表头的电流的大小成一定的比例, 因此表头指针的偏转角可以反映被测电压的大小。

2. 多量程直流电压表分压电阻的计算

一个分压电阻与表头串联, 可以制成一块单量程的直流电压表, 若多个分压电阻与表头串联, 就可制成多量程的直流电压表, 电路原理图如图 4-8 所示。

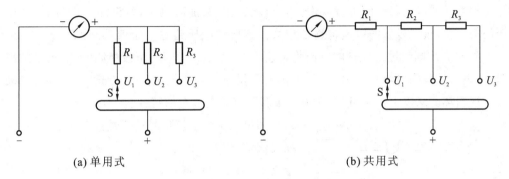

(a) 单用式　　　　　　　　　　　　(b) 共用式

图 4-8　多量程直流电压表原理图

对于图 4-8(b)所示的多量程直流电压表, 分压电阻分别以下式计算

$$R_1 = (U_1 - I_g R_g)/I_g$$

$$R_2 = (U_2 - U_1)/I_g$$

$$R_3 = (U_3 - U_2)/I_g$$

$$\vdots$$

$$R_n = (U_n - U_{n-1})/I_g$$

3. 直流电压灵敏度的概念

由图 4-8 可得

$$I_g = U_1/(R_g + R_1) = U_2/(R_g + R_1 + R_2) = \cdots = U_n/(R_g + R_1 + \cdots + R_n)$$

$$1/I_g = (R_g + R_1)/U_1 = (R_g + R_1 + R_2)/U_2 = \cdots = (R_g + R_1 + \cdots + R_n)/U_n \tag{4-9}$$

式(4-9)表示电压表测量单位电压所需的内阻值, 单位为 Ω/V, 称为直流电压灵敏度, 记为 S_{V-}, 即 $S_{V-} = 1/I_g$。若 S_{V-} 已知, 则电压表每挡内阻 R'_n 就等于电压灵敏度乘以该挡量程的值。即

$$R'_n = S_{V-} \cdot U_n \tag{4-10}$$

直流电压灵敏度是直流电压表的重要参数, 它直接反映了所测直流电压的准确度与电压表对被测电路的影响程度。R'_n 越大, 对测量电路的影响越小, 准确度也越高。

五、交流电流表与交流电压表的基本原理

磁电系表头不能直接用来测量交流电参数, 因为其可动部分的惯性较大, 跟不上交流

电流流过表头线圈所产生的转动力矩的变化,因而不能指示交流电的大小。若把交流电转换成单方向的直流电,让直流电流通过表头,则指针偏转角的大小就间接反映了交流电的大小。把交流电转换为直流电的过程称为整流。整流分为两类,即半波整流和全波整流。

1. 半波整流电路

半波整流电路如图 4-9 所示,整流二极管 D_1 与表头串联构成一条支路,而二极管 D_2 并联接在由表头和 D_1 串联构成的支路两端。

二极管是整流电路中的关键器件,当二极管的正极加高电位,负极加低电位时,随所加电压的增大,流过二极管的电流也逐渐增大。若所加电压超过一定值(硅管为 0.6 V,锗管为 0.2 V 左右),则流过二极管的电流将迅速增大;而当二极管的正极加低电位,负极加高电位时,流过二极管的电流几乎为零(几十微安数量级),若所加电压超过击穿电压值,二极管将被击穿损坏。从以上分析可知,整流二极管具有单向导电的特性。

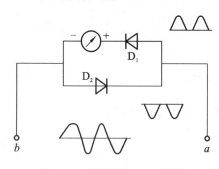

图 4-9 半波整流式表头原理

如果把正弦交流信号施于图 4-9 所示的电路中,在交流信号的正半周二极管 D_1 导通,D_2 截止,在负半周 D_2 导通,D_1 截止,可见在一个周期内只有半个周期的电流流过表头。

由于磁电系表头可动部分的惰性作用,表头指针只能反映脉动电流的平均值,而不能反映脉动电流的瞬时值,所以仪表指针的偏转角只能指示交流信号整流后的脉动直流的平均值的大小,而实际中人们更常用有效值表示交流信号的大小。因此,只要能够找出交流电流半波平均值与交流电流有效值之间的关系,就可利用磁电系表头测量交流电流有效值的大小。

设交流电流 $i(t) = I_m \sin(\omega t + \varphi)$,令 $\varphi = 0$,则

$$i(t) = I_m \sin \omega t$$

半波整流后的平均值

$$\bar{I} = (1/T) \int_0^{T/2} I_m \sin \omega t \, dt = I_m / \pi = 0.45 I \tag{4-11}$$

式中,I_m 为交流电流的峰值;$\omega = 2\pi/T$,为角频率;T 为交流电流信号的周期;I 为交流电流信号的有效值,这里 $I = I_m / \sqrt{2}$。

从式(4-11)中得

$$I = \bar{I} / 0.45$$

即交流电流的有效值是半波整流后脉动直流平均值的 1/0.45 倍。

若表头指针满偏,则此时交流电流的有效值为

$$I = I_g / 0.45$$

把上式定义为交流电流表表头灵敏度,用 $I_g{}'$ 表示,即

$$I_g' = I_g/0.45$$

这样,就可以把直流表头等效为 $I_g' = I_g/0.45$,$R_g' = R_g + R_{D_1}$ 的交流表头,由于二极管的导通电阻 R_{D_1} 是非线性的,因而 R_g' 也是非线性电阻。

交流电流表各量程分流电阻的计算方法与直流电流表各量程分流电阻的计算方法相同,只需把各式中的 I_g 用 I_g' 替代即可,但应考虑 R_g' 的非线性。

2. 全波整流电路

全波整流电路如图 4-10 所示,它是由四个整流二极管组成的桥式整流电路,二极管分别成为桥路的四个臂。电桥的一条对角线接交流电源,另一条对角线接磁电系测量机构。由于二极管 D_1、D_3 和 D_2、D_4 的作用,在交流电压的一个周期内,表头中流过的是两个同方向的半波电流,其波形如图 4-10 所示。如果外加的交流电压的数值相等,则在全波整流电路中,流过表头的电流要比半波整流电路的大一倍。所以全波整流电路比半波整流电路有较高的灵敏度,或者说其整流效率要高一倍。

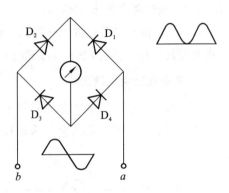

图 4-10 全波整流式表头原理

3. 多量程交流电压表

将带有整流电路的表头串联各种不同数值的附加电阻,即构成多量程的交流电压表。与直流电压表类似,多量程交流电压表的分压电阻也分为单用式和共用式两种。按整流电路的不同,多量程交流电压表还可分为半波整流式和全波整流式两种,如图 4-11 所示。

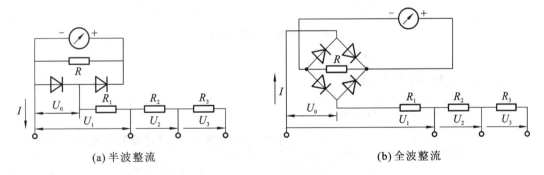

(a) 半波整流   (b) 全波整流

图 4-11 多量程交流电压表

交流电压表的设计可参考直流电压表的设计方法,各分压电阻以下式计算。

令 $S_{V\sim} = 1/I_g'$ 为交流电压灵敏度,则

$$R_1 = S_{V\sim} \cdot (U_1 - I_g'R_g')$$
$$R_2 = S_{V\sim}(U_2 - U_1)$$
$$\vdots$$
$$R_n = S_{V\sim}(U_n - U_{n-1})$$

在设计、使用交流电压表时,需注意以下几个问题。

(1)由于交流电压灵敏度 $S_{V\sim}$ 低于直流电压灵敏度 S_{V-},所以测量交流电压的误差大于测量直流电压的误差。

(2)表盘上指针的偏转角近似与交流电压半波(或全波)整流电压的平均值成比例,但表盘上的刻度线是按交流电压有效值刻度的。

(3)考虑到磁电系表头的结构特点,模拟万用表测量交流电压的频率范围在 $45\sim100$ Hz 以内。极限频率低于 1000 Hz。

(4)因整流二极管在低电压时的非线性特性,一般在交流电压低量程挡也是非线性的,因而刻度是不均匀的,因此通常交流 10 V 电压量程是单独刻度的。

4. 多量程交流电流表

将带有整流电路的表头并联各种不同数值的分流电阻,即构成多量程交流电流表,多量程交流电流表中一般采用闭路抽头连接式分流电路,如图 4-12 所示。

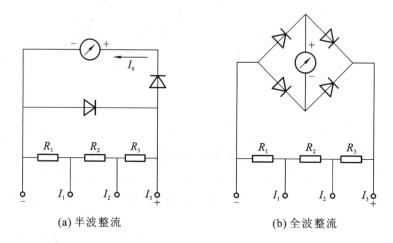

(a)半波整流   (b)全波整流

图 4-12　多量程交流电流表

六、测量电阻的基本原理

万用表电阻挡的基本电路如图 4-13 所示。

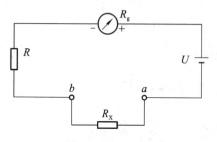

图 4-13　万用表电阻挡的基本电路

根据欧姆定律可知,流过被测电阻的电流为

$$I=\frac{U}{R_g+R+R_X}$$

由上式可知,当电池电压 U、固定电阻 R、R_g 不变时,流过表头电流的大小与被测电阻 R_X 的大小是一一对应的,因此表头指针的偏转角可以用来反映被测电阻的大小,同时可以得出以下几点结论。

(1)根据电阻测量原理可知,流过表头的电流与被测电阻的关系不是线性关系,因此,万用表电阻挡标度尺的刻度是不均匀的。当 R_X 为无穷大时, $I=0$, 指针偏转角为 0; 当被测电阻 $R_x=0$ 时, 流过表头的电流 I 恰好是表头的满偏电流 I_g, 这时指针满刻度偏转。可见欧姆表标度尺为反向刻度, 与电流、电压挡的标度尺的刻度方向恰好相反, 如图 4-14 所示。

(2) 随着万用表使用或者存放时间的延长, 电池端电压会逐渐下降, 必然会使测量时工作电流减小从而造成测量误差。最明显的误差就是当 $R_x=0$ 时, 表头指针不能达到满刻度偏转, 即不能达到零欧姆刻度线。因此, 实际的万用表中都设有零欧姆调整器。常用的零欧姆调整器一般都采用分压式电路, 如图 4-15 所示。

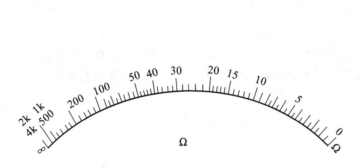

图 4-14　万用表电阻挡标度尺

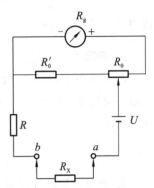

图 4-15　分压式零欧姆调整器

通过调节电位器来调节分流电流的大小, 从而确保当 $R_x=0$ 时, 流过表头的电流等于表头的满偏电流, 使指针达到零欧姆刻度线。

(3) 如图 4-15 所示, 当 $R_x=R_g+R$ 时, 有

$$I=\frac{U}{R_g+R+R_x}=\frac{U}{2(R_g+R)}=\frac{I_g}{2}$$

式中, I_g 为表头的满偏电流, 当表头指针在标度尺的中心位置时, 所指示的数值称为欧姆中心值。它所指示的欧姆数值正好是该量程的总内阻值。首先, 由于欧姆表标度尺的刻度不均匀, 知道了欧姆中心值, 就确定了欧姆表的有效测量范围, 其有效测量范围一般为 $\frac{1}{10} \sim 10$ 倍欧姆中心值。如果被测电阻超出该范围太大, 则需要改变量程; 其次, 根据欧姆中心值, 可以按十进制倍数扩大其量程, 这样做可以使各个量程共用一条标度尺, 使读数很方便。

(4) 测量电阻量程扩大时, 欧姆表的总内阻也增大, 测量时表头的工作电流相应减小, 当 $R_x=0$ 时, 指针不能指到零刻度。为解决这一问题, 第一, 在电池电压不变的情况下, 改变测量电路的分流电阻, 以适应不同量程时对工作电流的要求; 第二, 提高工作电压, 高电阻挡时电表的内阻增加, 但提高了电池电压后, 当 $R_x=0$ 时, 仍可保持表头电流使指针达到满偏, 可以通过转换开关接入较高的电池电压。

七、测量电平

1. 电平

电信号通过某一传输系统时, 其功率发生相对变化, 用对数表示的功率、电压的增加或

者衰减的倍数,称为电平,其计量单位为"贝尔",实际测量中常用的单位是贝尔的十分之一,即"分贝",用符号"dB"表示。

$$S=10\lg\frac{P_2}{P_1}$$

式中,S 是电平值,P_1 是输入的功率,P_2 是输出的功率。

在实际测量电平时,由于电压比较容易测得,通常用测量电压代替测量功率,根据

$$P_1=\frac{U_1^2}{R}, \quad P_2=\frac{U_2^2}{R}$$

得出

$$S=20\lg\frac{U_2}{U_1}$$

2. 零电平

电平为两个功率或者电压之比的对数值,其大小是相对的。通常规定,在 $600\ \Omega$ 的负载电阻上消耗 $1\ mW$ 功率作为零电平。因此,电路中某处的电平,可以表示为相对于零分贝的绝对电平

$$S=10\lg\frac{P}{1\times10^{-3}} \quad 或 \quad S=20\lg\frac{U}{0.775}$$

3. 测量电平的注意事项

(1) 有的模拟式万用表规定在 $500\ \Omega$ 负载电阻上消耗 $6\ mW$ 功率为零分贝标准,此时对应的电压为 $1.732\ V$。

(2) 当被测电路负载电阻不是规定的 $600\ \Omega$(或者 $500\ \Omega$)时,电平应按下式计算

$$S=20\lg\frac{U}{0.775}+10\lg\frac{600}{R_L}$$

(3) 当被测电平的数值超出分贝标度尺的基本范围时,应适当选择交流电压挡的量程,根据说明书上给出的附加分贝值,加上读数即是实际测量结果。

◀ 第三节　模拟式万用表的使用 ▶

一、万用表操作中的注意事项

1. 正确使用转换开关和表笔插孔

万用表有红与黑两只表笔(测棒),表笔可插入万用表的两个"＋""－"极性插孔里,注意一定要严格将红表笔插入"＋"极性插孔里,黑表笔插入"－"极性插孔里。测量直流电流、电压等物理量时,必须注意接线的正、负极性。根据测量对象,将转换开关旋至所需位置,在被测量大小不详时,应先选用量程较大的高挡试测,如不合适再逐步改用较低的挡位。以表头指针移动到满刻度的三分之二位置附近为宜。

2. 正确读数

万用表有数条供测量不同物理量的标度尺,读数前一定要根据被测量的种类、性质和所用量程认清所对应的读数标度尺。

3. 正确测量电阻值

在使用万用表的欧姆挡测量电阻之前,应首先把红、黑表笔短接,调节指针到欧姆标度尺的零位上,并要正确选择电阻倍率挡。测量某电阻 R_x 时,一定要使被测电阻断电,不与其他电路有任何接触,也不要用手接触表笔的导电部分,以免影响测量结果。当利用欧姆表内部电池作为测试电源时(例如判断二极管或三极管的管脚),要注意到黑表笔接的是电源正极,红表笔接的是电源负极。

4. 测量高电压时的注意事项

在测量高电压时务必要注意人身安全,应先将黑表笔固定接在被测电路的低电位处,然后再用红表笔去接触被测点,操作者一定要站在绝缘良好的地方,并且应用单手操作,以防触电。在测量较高电压或较大电流时,不能在测量时带电转动转换开关来改变量程或挡位。

5. 万用表的维护

万用表应水平放置使用,要防止其受振动、受潮热,使用前首先看指针是否指在机械零位上,如果不在,应调至零位。每次测量完毕,要将转换开关置于空挡或最高交流电压挡上。在测量电阻时,如果将两只表笔短接后指针仍调整不到欧姆标度尺的零位,则说明应更换万用表内部的电池;长期不使用万用表时,应将电池取出,以防止电池受腐蚀而影响表内其他元件。

二、万用表的使用方法

1. 使用前的检查调整

(1)万用表的表壳外观应完好无损。

(2)指针应能自由摆动,无卡阻现象。

(3)转换开关应切换灵活,准确指示挡位。

(4)接线端(或插孔)应完好,表笔及表笔线应完好。将表按规定位置放好,黑表笔插入"−"插孔(或"＊"插孔),红表笔插入"＋"插孔(或相应插孔)。

(5)机械调零(目的是减小基本误差)。万用表在测量前,应注意水平放置时,表头指针是否处于交直流挡标度尺的零刻度线上,若不在零位,读数会有较大的误差,应通过机械调零的方法(即使用小螺丝刀调整表头下方的机械调零螺钉)使指针回到零位。

(6)测量电阻前应进行欧姆调零(电气调零)以检查电池电压,电压偏低时应更换电池。即将转换开关置于欧姆挡,两只表笔短接,调整零欧姆调整器旋钮,以检查万用表内的电池电压。如调整时指针不能指在欧姆标度尺右边的零位线上,则应更换电池。

2. 万用表测量电流

测量电流时,万用表必须按照电路的极性正确地串联在电路中,合理选择挡位及量程,将万用表转换开关拨至"mA"或"μA"位置,根据被测电流的大小选择量程。在不知道电流大小的情况下应选用最大量程。万用表应与被测电路串联,将电路相应部分断开后,红表笔接高电位端,黑表笔接低电位端。特别要注意的是,不能用电流挡测量电压,以免烧坏电表。

3. 万用表测量电压

测量电压时,需将电表并联在被测电路上,并注意正、负极性。如果不知道被测电压的极性和大致数值,需将转换开关旋至直流电压挡的最高量程上,并进行试探测量(如果指针不动,则说明表笔接反;若指针顺时针旋转,则表示表笔接法正确),然后再调整极性和合适的量程。

4. 万用表测量电阻

将转换开关置于欧姆挡的适当量程上,将两根表笔短接,指针应指向零欧姆处。每换一次量程,欧姆挡的零点都需要重新调整一次。测量电阻时,被测电阻器不能处在带电状态。在电路中,当不能确定被测电阻有没有并联电阻存在时,应把电阻器的一端从电路中断开,才能进行测量。测量电阻时,不应双手触及电阻器的两端。当表笔正确地连接在被测电路上时,待指针稳定后,从标度尺上读取测量结果,注意记录数据时要有计量单位。测量时指针在标度尺的中间范围内时准确度最高。

5. 万用表读数

指针式万用表表头如图4-16所示。

图4-16　指针式万用表表头

1) 交、直流公用标度尺(均匀刻度)的读数

(1) 交、直流公用标度尺下面有三组数字,分别为:①0、50、100、150、200、250;②0、10、20、30、40、50;③0、2、4、6、8、10。为方便选取不同量程时进行读数换标而设置。

(2) 包含了8个直流电压挡,分别为0~0.25 V,0~1 V,0~2.5 V,0~10 V,0~50 V,0~250 V,0~500 V,0~1000 V。

(3) 包含了5个直流电流挡,分别为0~0.05 mA,0~0.5 mA,0~5 mA,0~50 mA,0~500 mA。

(4) 包含了5个交流电压挡,分别为0~10 V,0~50 V,0~250 V,0~500 V,0~1000 V。

(5) 测量时,应根据选择的挡位,用读数乘以相应的倍率作为测量结果。

例如,当选择的挡位是直流电压挡0~2.5 V时,由于2.5 V为250 V的1/100,所以标度尺上的50、100、150、200、250这组数字都应同时乘以1/100,分别为0.5、1.0、1.5、2.0、2.5,这样换算后,就能迅速读数了。

(6) 当表头指针位于两个刻度之间的某个位置时,应将两刻度之间的距离等分后,估读一个数值。

(7) 如果指针的偏转在整个刻度面板的2/3以内,应换一个较小的量程读数。

2）欧姆标度尺（非均匀刻度）的读数

万用表的欧姆标度尺上只有一组数字，作为电阻专用，从右往左读数，它包含了 5 个挡位，分别为 $\times 1\ \Omega$，$\times 10\ \Omega$，$\times 100\ \Omega$，$\times 1\ k\Omega$，$\times 10\ k\Omega$。

测量时，应根据选择的挡位，用读数乘以相应的倍率作为测量结果。

三、测量技能训练

1. 电容器的检测

1）固定电容器的检测

（1）检测 10 pF 以下的小电容。因 10 pF 以下的固定电容器容量太小，用万用表进行检测，只能定性地检查其是否有漏电、短路或击穿现象。检测时，可选用万用表的 $\times 10\ k\Omega$ 挡，用两表笔分别任意接电容的两个引脚，阻值应为无穷大。若测出的阻值为零（指针向右摆动），则说明电容漏电损坏或内部击穿。

（2）检测 10 pF～0.01 μF 固定电容器是否有充电现象，进而判断其好坏。万用表选用 $\times 1\ k\Omega$ 挡。两只三极管的 β 值（直流放大倍数）均为 100 以上，且穿透电流要小。可选用 3DG6 等型号的硅三极管组成复合管。将万用表的红、黑表笔分别与复合管的发射极和集电极相接。由于复合管的放大作用，把被测电容的充、放电过程予以放大，使万用表指针的摆动幅度加大，从而便于观察。应注意的是，在测试操作时，特别是在检测较小容量的电容时，要反复调换被测电容引脚接触点，才能明显地看到万用表指针的摆动。

（3）对于 0.01 μF 以上的固定电容，可用万用表的 $\times 10\ k\Omega$ 挡直接测试电容器有无充电过程以及有无内部短路或漏电，并可根据指针向右摆动的幅度大小估计出电容器的容量。

2）电解电容器的检测

（1）因为电解电容的容量较一般固定电容大得多，所以测量时，应针对不同容量选用合适的量程。根据经验，一般情况下，1～47 μF 间的电容，可用 $\times 1\ k\Omega$ 挡测量，大于 47 μF 的电容可用 $\times 100\ \Omega$ 挡测量。

（2）将万用表红表笔接负极，黑表笔接正极，在刚接触的瞬间，万用表指针即向右偏转较大幅度（对于同一电阻挡，容量越大，摆幅越大），接着逐渐向左回转，直到停在某一位置。此时的阻值便是电解电容的正向漏电阻，此值略大于反向漏电阻。实际使用经验表明，电解电容的漏电阻一般应在几百千欧以上，否则，将不能正常工作。在测试中，若正向、反向均无充电现象，即指针不动，则说明容量消失或内部断路；如果所测阻值很小或为零，说明电容漏电大或已击穿损坏，不能再使用。

（3）对于正、负极标志不明的电解电容器，可利用上述测量漏电阻的方法加以判别。即先任意测一下漏电阻，记住其大小，然后交换表笔再测出一个阻值。两次测量中阻值大的那一次便是正向接法，即黑表笔接的是正极，红表笔接的是负极。

（4）使用万用表电阻挡，采用给电解电容进行正、反向充电的方法，根据指针向右摆动幅度的大小，可估测出电解电容的容量。

3）可变电容器的检测

（1）用手轻轻旋动可变电容器的转轴，应感觉十分平滑，不应感觉时松时紧甚至有卡滞现象。将轴承向前、后、上、下、左、右等各个方向推动时,转轴不应有松动的现象。

(2) 用一只手旋动转轴,另一只手轻摸动片组的外缘,不应有任何松脱的现象。转轴与动片之间接触不良的可变电容器,是不能再继续使用的。

(3) 将万用表置于×10 kΩ 挡,一只手将两个表笔分别接可变电容器的动片和定片的引出端,另一只手将转轴缓缓旋动几个来回,万用表指针都应在无穷大位置不动。在旋动转轴的过程中,如果指针有时指向零,说明动片和定片之间存在短路点;如果在某一角度,万用表读数不为无穷大而是出现一定阻值,说明可变电容器动片与定片之间存在漏电现象。

2. 电感器、变压器的检测

1) 色码电感器的检测

将万用表置于×1 Ω 挡,红、黑表笔各接色码电感器的任一引出端,此时指针应向右摆动。根据测出的电阻值大小,可具体分下述两种情况进行鉴别。

(1) 被测色码电感器电阻值为零,说明其内部有短路性故障。

(2) 被测色码电感器直流电阻值的大小与绕制电感器线圈所用的漆包线线径、绕制圈数有直接关系,只要能测出电阻值,则可认为被测色码电感器是正常的。

2) 中频变压器的检测

(1) 将万用表拨至×1 Ω 挡,按照中频变压器的各绕组引脚排列规律,逐一检查各绕组的通断情况,进而判断其是否正常。

(2) 检测绝缘性能。将万用表置于×10 kΩ 挡,做如下几种状态测试:

① 测量初级绕组与次级绕组之间的电阻值;

② 测量初级绕组与外壳之间的电阻值;

③ 测量次级绕组与外壳之间的电阻值。

上述测试结果分为以下三种情况:

① 阻值为无穷大,说明中频变压器正常;

② 阻值为零,说明中频变压器有短路性故障;

③ 阻值小于无穷大,但大于零,说明中频变压器有漏电性故障。

3. 电源变压器的检测

1) 外观检查

通过观察变压器的外观来检查其是否有明显的异常现象,如线圈引线是否断裂、脱焊,绝缘材料是否有烧焦痕迹,铁芯紧固螺栓是否松动,硅钢片有无锈蚀,绕组线圈是否外露等。

2) 绝缘性测试

用万用表的×10 kΩ 挡分别测量铁芯与初级绕组、初级绕组与各次级绕组、铁芯与各次级绕组、静电屏蔽层与初级绕组、次级各绕组间的电阻值,万用表指针均应指在无穷大位置不动。否则,说明变压器绝缘性能不良。

3) 线圈通断的检测

将万用表置于×1 Ω 挡,测试中,若某个绕组的电阻值为无穷大,则说明此绕组有断路性故障。

4) 判别初、次级绕组

电源变压器初级绕组引脚和次级绕组引脚一般都是分别从两侧引出的,并且初级绕组多标有 220 V 字样,次级绕组则标出额定电压值,如 15 V、24 V、35 V 等。再根据这些标记进行识别。

5) 空载电流的检测

(1) 直接测量法。将次级所有绕组全部开路,把万用表置于交流电流 500 mA 挡,串入初级绕组。当初级绕组的插头插入 220 V 交流市电时,万用表所指示的便是空载电流值。此值不应大于变压器满载电流的 10%~20%。一般常见电子设备电源变压器的正常空载电流应在 100 mA 左右。如果超出太多,则说明变压器有短路性故障。

(2) 间接测量法。在变压器的初级绕组中串联一个 $10 \Omega/5 W$ 的电阻 R,次级仍全部空载。把万用表拨至交流电压挡。加电后,用两表笔测出电阻 R 两端的电压降 U,然后用欧姆定律算出空载电流 $I_空$,即 $I_空 = U/R$。

6) 空载电压的检测

将电源变压器的初级接 220 V 市电,用万用表交流电压挡依次测出各次级绕组的空载电压值(U_{21}、U_{22}、U_{23}、U_{24}),应符合要求值,允许误差范围一般为:高压绕组 ±10%,低压绕组 ±5%,带中心抽头的两组对称绕组的电压差 ±2%。

7) 检测判别各绕组的同名端

在使用电源变压器时,有时为了得到所需的次级电压,可将两个或多个次级绕组串联起来使用。采用串联法使用电源变压器时,参加串联的各绕组的同名端必须正确连接,不能弄错。否则,变压器不能正常工作。

8) 电源变压器短路性故障的综合检测判别

电源变压器发生短路性故障后的主要症状是发热严重和次级绕组输出电压失常。通常,线圈内部匝间短路点越多,短路电流就越大,变压器发热就越严重。检测判断电源变压器是否有短路性故障的简单方法是测量空载电流(测试方法前面已经介绍)。存在短路性故障的变压器,其空载电流值将远大于满载电流的 20%。当短路严重时,变压器在空载加电后几十秒钟之内便会迅速发热,用手触摸铁芯会有烫手的感觉,此时不用测量空载电流便可断定变压器有短路点存在。

一般小功率电源变压器允许温升为 40 ℃~50 ℃,如果所用绝缘材料质量较好,允许温升还可提高。

4. 晶体二极管的检测

1) 普通二极管的检测

一般二极管在管壳上注有极性标记,若无标记,可利用二极管的正向电阻小、反向电阻大的特点来判别其极性,同时也可利用这一特点检测二极管的好坏。

(1) 性能判别。晶体二极管正、反向电阻值相差越大越好,两者相差越大,表明二极管的单向导电特性越好。如果二极管的正、反向电阻值很相近,表明管子已坏。若正、反向电阻都很小或为零,则说明管子已被击穿,两电极已短路;若正、反向电阻都很大,则说明管子内部已断路,不能使用。

(2) 极性判别。在测试正、反向电阻时,当测得的电阻值较小时,与黑表笔相连的那个电极是二极管的正极,与红表笔相连的电极是二极管的负极。

测量二极管的正、反向电阻值时,因万用表欧姆挡选用的量程不同,有时测量结果相差较大,这属于正常现象。

2) 发光二极管的检测

(1) 正负极性的判别。发光二极管大都是透明或半透明的,观察发光二极管内部两个金属片的大小,通常金属片大的一端为负极,金属片小的一端为正极。若发光二极管是新的,可从引脚的长短来判断,即引脚长的为正极,引脚短的为负极。

也可以通过用万用表的×10 kΩ 挡测量发光二极管的正、反向电阻值来进行正负极性的判别。当万用表的指针大幅度正向偏转时,黑表笔所接的是正极。

(2) 性能好坏的判断。用万用表的×10 kΩ 挡测量发光二极管的正、反向电阻时,应具备普通二极管的测量特点,在测量正向电阻值时,管内会发微光。

注意,不能用万用表的×1 kΩ 挡测量发光二极管的正、反向电阻值,否则会发现其正、反向电阻值均接近无穷大。这是因为发光二极管的正向导通电压大于 1.8 V,高于万用表×1 kΩ 挡的 1.5 V 电池的电压值而不能使其导通。这时可用外接电池的方法判别发光二极管性能的好坏,若二极管能正常发光,则说明该发光二极管完好。

5. 晶体三极管的检测

利用万用表可以判别三极管的类型和极性,其步骤如下。

(1) 判别基极 B 和管型时,将万用表置于×1 kΩ 挡,先将红表笔接某一假定基极 B,黑表笔分别接另两个极。如果电阻均很小(或很大),而将红、黑两表笔对换后测得的电阻都很大(或很小),则假定的基极是正确的。基极确定后,红表笔接基极,黑表笔分别接另两个极时测得的电阻均很小,则此管为 PNP 型三极管,反之为 NPN 型,测试电路如图 4-17 所示。

(2) 判别发射极 E 和集电极 C,如图 6-18 所示。若被测管为 PNP 型三极管,假定红表笔接的是 C 极,黑表笔接的是 E 极,用手指捏住 B、C 两极但不要使 B、C 两极直接接触(或在 B、C 两极间串联 1 个 100 kΩ 的电阻),若测得的电阻较小(即 I_C 大),将红、黑两表笔互换后测得的电阻较大(即 I_C 小),则红表笔接的是集电极 C,黑表笔接的是发射极 E。如果两次测得的电阻相差不大,说明管子的性能较差。按照同样的方法可以判别 NPN 型三极管的极性。

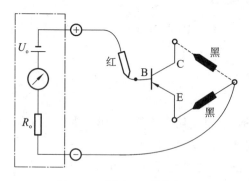

图 4-17　判别三极管基极 B

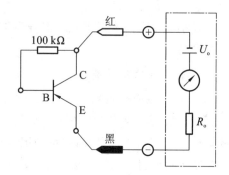

图 4-18　判别三极管发射极 E 和集电极 C

四、模拟式万用表常见故障的原因分析

万用表由于使用频繁,容易发生故障,表 4-1 所示是对模拟式万用表常见故障现象及原因的分析。

表 4-1 模拟式万用表常见故障及原因分析

故障部位	故障现象	故障原因
表头	摇动表,指针摆动不正常,不动或无阻尼	(1) 指针支撑部位卡住; (2) 游丝绞住; (3) 机械平衡不好; (4) 表头线圈断路或分流电阻断路
直流电流挡	指针无指示	(1) 表头被短路; (2) 表头线圈脱焊或线圈断路; (3) 表头串联电阻损坏或脱焊; (4) 转换开关未接通
	各量程下的测量误差有正也有负	(1) 表头本身特性改变; (2) 分流电阻某一挡处焊接不良,阻值增大,此时一般先有正误差后有负误差; (3) 分流电阻某一挡处因烧坏而短路,此时一般先有负误差后有正误差,正、负误差转换的那一挡分流电阻就是故障所在
	各挡量程下的测量值偏高	(1) 与表头串联的电阻值变小; (2) 分流电阻值偏高; (3) 表头灵敏度偏高
	各挡量程下的测量值偏低	(1) 与表头串联的电阻值增大; (2) 表头灵敏度偏低
直流电压挡	指针无指示	(1) 直流电压挡部分开关公用接点脱焊; (2) 最小量程挡倍增电阻断路或损坏
	某量程挡不工作,而其他挡工作	(1) 转换开关接触不良或触点烧坏; (2) 转换开关触点或附加电阻断路或脱焊
	小量程测量误差大,随量程增大测量误差变小	小量程倍增电阻故障,如变值、短路等
	量程显著不准确,该挡以前正常,该挡以后各挡随量程增大测量误差变小	小量程倍增电阻故障,如变值、短路等
	某一挡后的各挡都不通	开始出现不通时的那一挡量程的倍增电阻脱焊或断路
交流电压挡	指针轻微摆动或指示极小	整流器被击穿
	测量值偏低 50% 左右	全波整流器中,有一片被击穿
	各挡指示值偏低同一误差	整流器性能不佳,反向电阻减小

故 障 部 位	故 障 现 象	故 障 原 因
电阻挡	指针无指示	(1) 转换开关公共触点引线断开； (2) 调零电位器中心焊点引线断开； (3) 电池用完或引线断开
	正、负表笔短接时，指针调不到零欧姆	(1) 电阻调零电位器内部接触不良； (2) 游丝跳圈或并圈； (3) 表芯内有异物； (4) 转换开关轴承轴尖间隙过紧； (5) 表笔插头与万用表插孔接触不良； (6) 电池容量不足； (7) 串联电阻值增大； (8) 转换开关接触电阻增大
	调零时指针跳跃不稳	(1) 调零电位器阻值变大； (2) 调零电位器接触不良
	个别量程下测量误差大	该挡分流电阻变值或烧坏
	个别量程不工作	(1) 该量程处转换开关接触不良； (2) 该量程的串联电阻开路； (3) 该量程与表头部分并联的专用电阻烧坏

◀ 第四节　数字式万用表的组成 ▶

　　数字式万用表是当前电子、电工、仪表、仪器和测量领域大量使用的一种基本测量工具，随着时代科技的进步，数字式万用表的功能越来越强大，把电量及非电量的测量技术提高到崭新水平。

　　数字式万用表亦称数字多用表，简称 DMM(digtial multimeter)。它是采用数字化测量技术，把连续的模拟量转化成不连续、离散的数字形式并加以显示的仪表。传统的指针式万用表功能单一、精度低，不能满足数字化时代的需要。采用单片机的数字式万用表精度高、抗干扰能力强、可扩展性强、集成方便，目前，由各种单片机芯片构成的数字式万用表，已被广泛用于电子及电工测量、工业自动化仪表、自动测试系统等智能化测试领域，显示着强大的生命力。

一、数字式万用表的特性

　　与指针式万用表相比较，数字式万用表有如下优良特性：

　　(1) 高准确度和高分辨力；

　　(2) 测电压时具有高的输入阻抗；

（3）测量速度快；

（4）自动判别极性；

（5）全部测量实现数字直读；

（6）自动调零；

（7）过载能力强。

当然，数字式万用表也有一些弱点，如：

（1）测量时不像指针式仪表那样能清楚直观地观察到指针偏转的过程，在观察充、放电等过程时不够方便；

（2）数字式万用表的量程转换开关通常与电路板是一体的，触点容量小，耐压不很高，有的机械强度不够高，寿命不够长，导致用旧以后换挡不可靠；

（3）一般万用表的电压挡和欧姆挡共用一个表笔插孔，而电流挡单独用一个插孔，使用时应注意根据被测量调换插孔，否则可能造成测量错误或仪表损坏。

二、数字式万用表的面板结构及主要技术指标

1. 数字式万用表的面板结构

数字式万用表的面板如图 4-19 所示，主要包括液晶显示器、电源开关、量程转换开关、hFE 插口和输入插孔等。

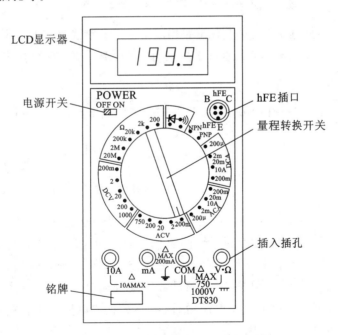

图 4-19 DT-830 型数字式万用表面板

（1）液晶显示器 显示各种被测量的数值，包括小数点、正负号及溢出状态。

（2）电源开关 接通和切断表内电池电源。

（3）量程转换开关 根据具体情况选择不同的量程、不同的物理量。

（4）hFE 插口 用来进行晶体管参数的测量。

（5）输入插孔　用来外接测试表笔。

2. 数字式万用表的主要技术指标

（1）误差　数字式万用表的误差主要包括基准误差、输入放大器误差、非线性误差和量化误差。

（2）分辨力　液晶显示器显示的末位数字所对应的数值。

（3）输入阻抗　指数字式万用表处于工作状态下，从输入端看进去的输入电路的等效阻抗。

（4）测量速度和响应时间　测量速度是指在单位时间内，按规定的准确度完成测量的次数；响应时间是指输入信号发生突变的瞬间到满足准确度新的稳定显示值之间的时间间隔。

三、数字式万用表的基本组成

数字式万用表的测量过程是先由转换电路将被测量转换成直流电压信号，由模/数（A/D）转换器将电压模拟量变换成数字量，然后通过电子计数器计数，最后把测量结果用数字直接显示在显示器上。测量过程如图 4-20 所示。

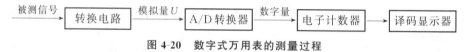

图 4-20　数字式万用表的测量过程

图 4-20 中，除转换电路以外的其他电路构成了一个数字式直流电压表，也就是说，数字式万用表是在数字式直流电压表的基础上扩展而成的。数字式直流电压表的组成如图 4-21 所示。

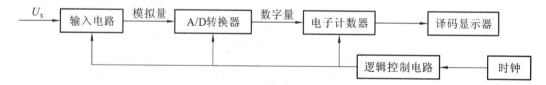

图 4-21　数字式直流电压表的组成

数字式直流电压表中的 A/D 转换器将随时间连续变化的模拟电压量变换成断续的数字量，然后由电子计数器对数字量（脉冲）进行计数得到测量结果，由译码显示电路将测量结果显示出来。由逻辑控制电路控制各部分电路的协调工作，在时钟的作用下按顺序完成整个测量过程。数字式万用表的基础是数字式直流电压表，数字式万用表测量任何被测量都是先将被测量转换成直流电压后，由数字式直流电压表进行测量。数字式直流电压表的种类极多，根据所采用的 A/D 转换方式的不同，可分为积分式和非积分式两大类，每一类又各自分为很多种，在此，以双斜积分式为例简单介绍数字式直流电压表的工作原理。

双斜积分式数字直流电压表的组成如图 4-22 所示，工作波形如图 4-23 所示。

图 4-22 中 U_x 为被测电压，U_N 为基准电压，逻辑控制电路控制测量按顺序进行。

双斜积分式数字直流电压表的一次测量过程包括以下三个阶段。

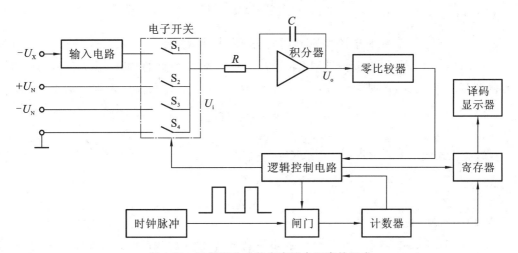

图 4-22　双斜积分式数字直流电压表的组成

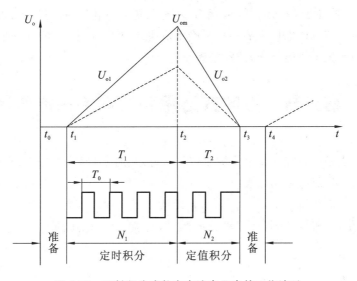

图 4-23　双斜积分式数字直流电压表的工作波形

1. 准备阶段$(t_0 \sim t_1)$

在此阶段,逻辑控制电路将电子开关中的 S_4 闭合,其余开关均断开,使积分器的输出为零,即 $U_o = 0$。

2. 采样阶段$(t_1 \sim t_2)$

设被测电压 U_X 为负电压,在 $t = t_1$ 时刻,逻辑控制电路控制开关 S_4 断开,S_1 闭合,积分器对 U_X 积分,U_{o1} 从零开始线性上升,同时闸门被打开,计数器从 0 开始对通过闸门的时钟脉冲的个数进行计数。设计数器的计数容量为 N_1,当计数器的计数值达到 $N_1 + 1$ 时(记此时刻为 t_2),计数器溢出,产生一个进位脉冲给逻辑控制电路,控制开关 S_1 断开。$t = t_2$ 时刻

$$U_o = U_{om} = -\frac{1}{RC} \int_{t_1}^{t_2} -U_X \mathrm{d}t = \frac{T_1}{RC} U_X = \frac{N_1 T_0}{RC} U_X$$

式中,N_1, T_0, R, C 为定值,U_o 由被测电压 U_X 的大小决定。

3. 比较阶段$(t_2 \sim t_3)$

在 $t = t_2$ 时刻,逻辑控制电路控制闸门打开,并将计数器清零后重新开始计数,与此同时,将开关 S_1 断开,S_2 闭合,积分器对 U_N 进行反向积分,积分器的输出 U_{o2} 从 U_{om} 线性下降,一直降到 $U_{o2} = 0$ 为止,此时刻记为 t_3。$t = t_3$ 时刻

$$U_{o2} = U_{om} + \left(-\frac{1}{RC}\int_{t_2}^{t_3} U_N dt\right) = 0$$

将 U_{om} 的表达式代入上式中得

$$\frac{N_1 T_0}{RC} U_X - \frac{N_2 T_0}{RC} U_N = 0$$

$$U_X = \frac{N_2}{N_1} U_N$$

若取 $U_N = N_1$,则 $U_X = N_2$。

在 $t = t_3$ 时刻,零比较器输出信号给逻辑控制电路,使逻辑控制电路控制闸门关闭,计数器停止计数,并控制寄存器将计数结果送到译码显示器,由显示器将测量结果直接用数字 N_2 显示出来。同时将开关 S_2 断开,S_4 闭合,积分器进入休止期,准备做下一次测量。

双斜积分式数字直流电压表的测量准确度取决于基准电压 U_N 的准确度和稳定性。这种数字式电压表的抗干扰能力强,缺点是测量速度低。

第五节 数字式万用表的使用与操作

数字式万用表是一种多用途电子测量仪器,一般具有安培计、电压表、欧姆计等功能,有时也称为万用计、多用计、多用电表或三用电表。我们用数字式万用表测量时需要明白其测量的原理、方法,从而理解性地记忆。本书介绍数字式万用表用得最多的几种测量:电阻的测量,电容的测量,二极管的测量,三极管的测量,直流、交流电压的测量,直流、交流电流的测量。

一、元件的测量

图 4-24 测电阻

1. 电阻的测量

电阻的测量如图 4-24 所示。具体测量步骤如下。

(1)首先,将红表笔插入 VΩ 孔,黑表笔插入 COM 孔;

(2)将转换开关打到"Ω"量程挡的适当位置;

(3)分别用红、黑表笔接到电阻两端的金属部分;

(4)读取显示屏上显示的数据。

测量电阻的过程中,应注意以下事项。

(1)量程的选择和转换。量程选小了,显示屏上会显示"1",此时应换用较大的量程;反之,量程选大了的话,显示屏上会显示一个接近于 0 的数,此时应换用较小的量程。

(2)显示屏上显示的数字再加上挡位对应的单位就是它

的读数。要提醒的是,在"200"挡时,单位是"Ω";在"2 k~200 k"挡时,单位是"kΩ";在"2 M~200 M"挡时,单位是"MΩ"。

(3)如果被测电阻值超出所选择量程的最大值,将显示过量程"1",应选择更高的量程,对于大于 1 MΩ 或更高的电阻,要几秒钟后读数才能稳定,这是正常的。

(4)当没有连接好时,例如开路情况,仪表显示为"1"。

(5)当检查被测线路的阻抗时,要保证断开被测线路中的所有电源,所有电容放电。被测线路中,如有电源和储能元件,会影响线路阻抗测量的正确性。

(6)当用万用表的 200 MΩ 挡位测量电阻时,两表笔短接时读数为 1.0,这是正常现象,此读数是一个固定的偏移值,应从测量读数中减去该偏移值。如测一个电阻时,显示为 101.0,应从 101.0 中减去 1.0,被测元件的实际阻值为 100.0 即 100 MΩ。

2. 电容的测量

电容的测量如图 4-25 所示,具体测量步骤如下。

(1)将电容两端短接,对电容进行放电,确保数字式万用表的安全;

(2)将转换开关打至电容"F"测量挡,并选择合适的量程;

(3)将电容插入万用表 CX 插孔;

(4)读取 LCD 显示屏上的数字。

测量电容的过程中应注意如下事项。

(1)测量前电容需要放电,否则容易损坏万用表。

(2)测量后电容也要放电,避免埋下安全隐患。

(3)仪器本身已对电容挡设置了保护,故在电容测量过程中不用考虑极性及电容充放电等情况。

(4)测量电容时,将电容插入专用的电容测试座中(不要插入表笔插孔 COM、VΩ)。

(5)测量大电容时稳定读数需要一定的时间。

电容的单位换算:$1\ \mu F = 10^6\ pF$,$1\ \mu F = 10^3\ nF$。

3. 二极管的测量

二极管的测量如图 4-26 所示,具体测量步骤如下。

图 4-25　测电容

图 4-26　测二极管

（1）将红表笔插入 VΩ 孔，黑表笔插入 COM 孔；

（2）将转换开关打在"￫|￫"挡；

（3）判断正负极；

（4）红表笔接二极管正极、黑表笔接二极管负极；

（5）读出 LCD 显示屏上的数据；

（6）两表笔换位，若显示屏上显示为"1"，说明二极管正常；否则，说明此管被击穿。

测量二极管的过程中应注意以下事项。

将红表笔插入 VΩ 孔，黑表笔插入 COM 孔，转换开关打在"￫|￫"挡，然后颠倒表笔再测一次。如果两次测量的结果是：一次显示"1"字样，另一次显示零点几的数字。那么，此二极管就是一个正常的二极管。假如两次显示都相同的话，那么此二极管已经损坏。LCD上显示的一个零点几的数字即是二极管的正向压降，硅材料的为 0.6 V 左右，锗材料的为0.2 V 左右，根据二极管的特性，可以判断此时红表笔接的是二极管的正极，而黑表笔接的是二极管的负极。

4. 三极管的测量

三极管的测量如图 4-27 所示，具体测量步骤如下。

（1）将红表笔插入 VΩ 孔，黑表笔插入 COM 孔；

（2）将转换开关打在"￫|￫"挡；

（3）找出三极管的基极 B；

（4）判断三极管的类型（PNP 型或者 NPN 型）；

（5）将转换开关打在 hFE 挡；

（6）根据三极管的类型插入 PNP 插孔或 NPN 插孔测 β；

（7）读出显示屏中 β 值。

测量三极管的过程中应注意以下事项。

（1）E、B、C 管脚的判定。表笔插位同上，先假定 A 脚为基极，用黑表笔与该脚相接，红表笔与其他两脚分别接触，若两次读数均为 0.7 V 左右，则再用红表笔接 A 脚，黑表笔接触其他两脚，若均显示"1"，则 A 脚为基极，否则需要重新测量，且此管为 PNP 管。

图 4-27　测三极管

（2）那么集电极和发射极如何判断呢？我们可以利用 hFE 挡来判断，先将挡位打到hFE 挡，可以看到挡位旁有一排小插孔，分为 PNP 插孔和 NPN 插孔。前面已经判断出管型，将基极插入对应管型插孔的 B 孔，其余两脚分别插入 C、E 孔，此时可以读取数值，即 β值；再固定基极，将其余两脚对调，再读数。比较两次读数，读数较大的管脚位置与插孔的C、E 相对应。

二、电压的测量

1. 直流电压的测量

直流电压的测量如图 4-28 所示，具体测量步骤如下。

（1）红表笔插入 VΩ 孔；

（2）黑表笔插入 COM 孔；

（3）转换开关打到 V－挡的适当位置；

（4）读取显示屏上显示的数据。

测量直流电压的过程中应注意以下事项。

（1）转换开关打到比估计值大的量程挡（注意：直流挡是 V－，交流挡是 V～），接着把表笔接电源或电池两端，保持接触稳定。数值可以直接从显示屏上读取。

（2）若显示为"1"，则表明量程太小，要加大量程后再测量。

（3）若在数值左边出现"－"，则表明表笔极性与实际电源极性接反，此时红表笔接的是负极。

2．交流电压的测量

交流电压的测量如图 4-29 所示，具体测量步骤如下。

图 4-28　测直流电压

图 4-29　测交流电压

（1）红表笔插入 VΩ 孔；

（2）黑表笔插入 COM 孔；

（3）转换开关打到 V～挡的适当位置；

（4）读取显示屏上显示的数据。

测量交流电压的过程中应注意以下事项。

（1）表笔插孔与测量直流电压时的一样，不过应该将转换开关打到交流挡 V～处所需的量程。

（2）交流电压无正负之分，测量方法跟前面相同。

（3）无论测交流电压还是测直流电压，都要注意人身安全，不要随便用手触摸表笔的金属部分。

图 4-30　测直流电流

三、电流的测量

1．直流电流的测量

直流电流的测量如图 4-30 所示，具体测量步骤如下。

（1）断开电路；

（2）黑表笔插入 COM 孔，红表笔插入 mA 孔或者 20 A 孔；

（3）转换开关打至 A－挡，并选择合适的量程；

（4）将数字式万用表串联接入被测电路中，被测电路中的电流从一端流入红表笔，经万用表黑表笔流出，再流入被测电路中；

（5）接通电路；

（6）读取 LCD 显示屏上的数字。

测量直流电流的过程中应注意以下事项。

（1）估计电路中电流的大小。若测量大于 200 mA 的电流，则要将红表笔插入 20 A 孔并将转换开关打到直流 10 A 挡；若测量小于 200 mA 的电流，则将红表笔插入 mA 孔，将转换开关打到直流 200 mA 以内的合适量程。

（2）将万用表串联接入电路中，保持稳定，即可读数。若显示为"1"，那么就要加大量程；如果在数值左边出现"－"，则表明电流从黑表笔流进万用表。

2．交流电流的测量

交流电流的测量如图 4-31 所示，具体测量步骤如下。

图 4-31　测交流电流

（1）断开电路；

（2）黑表笔插入 COM 孔，红表笔插入 mA 孔或者 20 A 孔；

（3）转换开关打至 A～挡，并选择合适的量程；

（4）将数字式万用表串联在被测电路中，被测电路中的电流从一端流入红表笔，经万用表黑表笔流出，再流入被测电路中；

（5）接通电路；

（6）读取 LCD 显示屏上的数字。

测量交流电流的过程中应注意以下事项。

（1）测量方法与测量直流的相同，不过挡位应该打到交流挡位。

（2）电流测量完毕后应将红表笔插回 VΩ 孔，若忘记这一步而直接测电压，表头或电源会烧坏。

（3）如果使用前不知道被测电流的范围，将转换开关置于最大量程处试测并逐渐减小量程。

（4）如果显示器只显示"1"，表示过量程，转换开关应置于更高量程。

（5）警告标志表示最大输入电流为 200 mA，过大的电流将烧坏熔断器。20 A 量程无熔断器保护，测量时不能超过 15 秒。

四、数字式万用表的使用注意事项

（1）如果无法预先估计被测电压或电流的大小，则应先将转换开关拨至最高量程挡测量一次，再视情况逐渐把量程减小到合适位置。测量完毕，应将转换开关拨到最高电压挡，并关闭电源。

（2）满量程时,仪表仅在最高位显示数字"1",其他位均无显示,这时应选择更高的量程。

（3）测量电压时,应将数字式万用表与被测电路并联,测电流时应与被测电路串联。测直流量时不必考虑正、负极性。

（4）当误用交流电压挡去测量直流电压,或者误用直流电压挡去测量交流电压时,显示屏将显示"000",或低位上的数字出现跳动。

（5）禁止在测量高电压(220 V以上)或大电流(0.5 A以上)时换量程,以防止产生电弧,烧毁开关触点。

（6）当万用表的电池电量即将耗尽时,液晶显示器左上角会显示电池符号,提示电池电量低,此时电量不足,若仍进行测量,测量值会比实际值偏高。

【思考与练习】

4-1 简述指针式万用表的基本结构。

4-2 指针式万用表的测量功能有哪些?

4-3 万用表欧姆挡的欧姆调零与表头的调零是不是一回事?应如何使用?

4-4 用欧姆表测量半导体二极管正向电阻时,使用×100 Ω挡和使用×1 kΩ挡的测量结果会不会一样?为什么?

4-5 如何使用万用表检测电解电容的极性和质量?

4-6 某万用表在使用×1 Ω挡进行零位调节时,发现不能将指针调到零位,而在欧姆挡的其他倍率挡时,指针可以调到零位。试简述产生上述现象的原因。

4-7 简述数字式万用表的基本结构。

4-8 数字式万用表的测量功能有哪些?

4-9 阐述数字式万用表的基本原理。

4-10 如何使用万用表来判断三极管的极性?

4-11 使用万用表时应注意什么问题?

4-12 万用表一般由哪几部分组成?各部分的作用是什么?

4-13 为何用万用表的交流电压挡测量非正弦电量时会出现波形误差?

4-14 欧姆表的标度尺有什么特点?

4-15 在测量电阻时为何每更换一个量程都必须进行欧姆调零?如何调整?

4-16 万用表的欧姆中心值有什么意义?

4-17 如何提高欧姆表的灵敏度?

4-18 使用万用表时如何正确选择量程?

4-19 如何使用万用表正确测量电阻?

4-20 如何使用万用表正确判断电容器的极性和好坏?

4-21 如何使用万用表正确测量二极管的极性?

4-22 万用表各挡均无指示可能产生的原因和发生故障的部位有哪些?

4-23 请说明直流电压挡某量程无指示的故障原因及处理方法。

4-24 请指出当万用表表笔短接时,指针不动的故障原因。

4-25 试说明兆欧表与欧姆表的主要区别。

第五章 功率与电能的测量

在生产实际中,有时会遇到需要测量负载电功率的情况,这就要用到功率表。目前,工矿企业中使用的功率表主要有电动系和数字式两大类。两类功率表的工作原理虽然不尽相同,但使用方法却完全相同。本章重点介绍目前广泛应用的电动系功率表的使用方法、单相和三相功率的测量方法,以及感应系电能表与单相、三相电能的测量方法等知识。

◀ 第一节　电动系功率表的组成及原理 ▶

电动系功率表的核心是电动系测量机构,这是由电动系测量机构结构上的特点所决定的。电动系测量机构的主要特点是它同时有固定线圈和可动线圈,而两者可分别通过两个不同的电流,这就使得电动系仪表具备能够测量电功率、相位等与两个电量有关的量的条件。另一方面,电动系测量机构和电磁系测量机构在结构上相比较,最大的区别是用可动线圈代替了可动铁片,这样就基本上消除了磁滞和涡流的影响,使电动系仪表的准确度得到了提高,所以在需要精密测量交流电流、电压时,多采用电动系仪表。下面介绍电动系测量机构的结构和工作原理,并介绍在此基础上组成的电动系功率表。

一、电动系测量机构

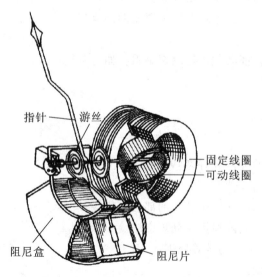

图 5-1　电动系测量机构的结构

1. 电动系测量机构的结构

电动系测量机构主要由固定线圈和可动线圈组成,固定线圈一般都分成两段,其目的一是能获得较均匀的磁场,二是便于改换电流量程。在可动线圈的转轴上装有指针、游丝和空气阻尼器的阻尼片。游丝的作用除了产生反作用力矩外,还起引导电流进入可动线圈的作用。电动系测量机构的结构如图 5-1 所示。

2. 电动系测量机构的工作原理

电动系测量机构是利用两个通电线圈之间产生电磁力矩作用的原理制成的,如图 5-2 所示。当在固定线圈中通入电流 I_1 时,将产生磁场 B_1,同时在可动线圈中通入电流

I_2,可动线圈中的电流就会受到固定线圈磁场 B_1 的作用力,产生转动力矩,从而推动可动部分发生偏转,直到与游丝产生的反作用力矩平衡为止,指针停在某一位置,指示出被测量的大小。

转动力矩 M 的方向与 I_1、I_2 的方向有关。如果 I_1、I_2 的方向同时改变,转动力矩 M 的方向将不会改变。所以,电动系仪表既可以测量直流电,又可以测量交流电。

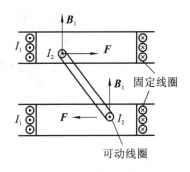

图 5-2 电动系测量机构的工作原理

由于电动系测量机构中不存在铁磁性物质,所以,固定线圈中的磁场大小与通过其中的电流成正比。用电动系测量机构测量直流电时,可动线圈受到的转动力矩 M 与通过两线圈的电流 I_1、I_2 的乘积成正比。

3. 电动系仪表的优缺点

电动系仪表具有下列优点。

(1)电动系仪表的准确度高。这是由于电动系仪表内部没有铁磁性物质,不存在磁滞误差,故比电磁系仪表的准确度高,可达 0.1 级。

(2)交、直流两用并且能测量非正弦电流的有效值。这是由于通过两个线圈的电流如同时改变方向,其转动力矩的方向不变。

(3)电动系功率表的标度尺刻度均匀,如图 5-3 所示。这是因为电动系功率表指针的偏转角与被测功率成正比。

图 5-3 电动系功率表的标度尺

(4)能构成多种仪表,测量多种参数。例如,将测量机构中的固定线圈和可动线圈串联起来,在标度尺上按电流刻度,就得到电动系电流表。如将固定线圈和可动线圈与分压电阻串联,然后在标度尺上按电压刻度,就构成电动系电压表。另外,还能构成电动系功率表、电动系相位表等。

但是,由于电动系仪表自身的结构原因,也存在一些不足之处。

(1)电动系电流表、电压表的标度尺刻度不均匀。这是由于电动系电流表、电压表的指针偏转角与被测电流或电压的平方成正比,因此,电动系电流表(见图 5-4)、电压表的标度尺刻度具有平方律的特性。

(2)过载能力小。这是由于通过可动线圈的电流要经过游丝导入,如果电流太大,游丝易失去弹性,可动线圈也易被烧断。

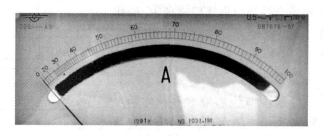

图 5-4　电动系电流表的标度尺

（3）本身消耗的功率大。这是由于仪表内的磁场完全由通过线圈的电流产生,如果电流太小,消耗的功率虽然小,但电流产生的磁场太弱,仪表无法正常工作。

（4）仪表读数易受外磁场的影响。这是因为仪表中固定线圈所产生的工作磁场很弱。为了消除外磁场的影响,电动系测量机构中的线圈系统通常都采用磁屏蔽罩或无定位结构,也可直接采用铁磁结构。

二、功率表量程及其扩大

实际应用时,为了满足测量不同大小功率的需要,往往需要扩大功率表的量程。功率表的功率量程主要由电流量程和电压量程来决定。所以,功率量程的扩大要通过电流量程和电压量程的扩大来实现。

1. 电流量程的扩大

前面已知,电动系仪表的固定线圈（也称电流线圈）是由完全相同的两段线圈组成的,这样,就可以利用金属连接片将这两段线圈串联或并联,从而达到改变功率表电流量程的目的。当金属片按图 5-5(a)所示连接时,两段线圈串联,电流量程为 I_N;当金属片按图 5-5(b)所示进行连接时,两段线圈并联,电流量程扩大为 $2I_N$。可见,电动系功率表的电流量程是可以成倍改变的。

2. 电压量程的扩大

扩大功率表的电压量程是利用与可动线圈（也称电压线圈）串联不同阻值分压电阻的方法来实现的,如图 5-6 所示。

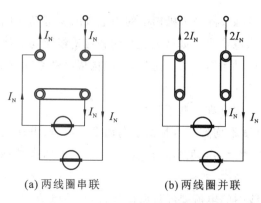

(a) 两线圈串联　　(b) 两线圈并联

图 5-5　用金属片改变功率表的电流量程

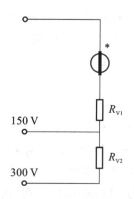

图 5-6　功率表电压量程的扩大

实际上,只要在功率表中选定不同的电流量程和电压量程,功率量程也就随之确定了。

例如,D19-W型功率表的电流量程为 5 A/10 A,电压量程为 150 V/300 V,其功率量程有:

$$P_1 = 5 \times 150 \text{ W} = 750 \text{ W}$$

$$P_2 = 10 \times 150 \text{ W} = 1500 \text{ W} \quad 或 \quad P_2 = 5 \times 300 \text{ W} = 1500 \text{ W}$$

$$P_3 = 10 \times 300 \text{ W} = 3000 \text{ W}$$

注意:这里的功率是指负载的功率因数 $\cos\varphi = 1$ 时的情况。由于感性或容性负载的 $\cos\varphi < 1$,所以,上述量程是指功率表的最大功率量程。

第二节 单相功率表的使用

一、D26-W 型单相功率表简介

电动系功率表的种类和型号较多,但使用方法基本相同。下面以图 5-7 所示的 D26-W 型便携式单相功率表为例,说明其使用方法。

该功率表属于典型的电动系仪表,有 150 V、300 V 和 600 V 三个电压量程。两个电流量程分别为 2.5 A、5 A,通过金属片进行换接。

二、单相功率表的使用方法

1. 量程的选择

功率表有三种量程:电流量程、电压量程和功率量程。电流量程:功率表的串联回路允许通过的最大工作电流。电压量程:仪表的并联回路所能承受的最高工作电压。功率量程:等于电流量程和电压量程的乘积,即 $P = UI$。功率量程实质上是由电流量程和电压量程来

图 5-7 D26-W 型便携式单相功率表

决定的,它相当于负载功率因数 $\cos\varphi = 1$ 时的功率值。选择时,要使功率表的电流量程略大于被测电流,电压量程略高于被测电压。在使用功率表时,不仅要注意使被测功率不超过仪表的功率量程,通常还要用电流表、电压表去监视被测电路的电流和电压,使之不超过功率表的电流量程和电压量程,以确保仪表安全可靠地运行。

注意,在实际测量中,由于使用的大多数负载(如电动机、变压器等)的 $\cos\varphi < 1$,所以,只观察被测功率是否超过仪表的功率量程显然是不够的。例如,在 $\cos\varphi < 1$ 时,功率表的指针虽然未指到满刻度值,但被测电流或电压可能已超出了功率表的电流量程或电压量程,结果可能造成功率表被损坏。负载的 $\cos\varphi$ 越小,仪表的损坏程度可能越严重。所以,在选择功率表的量程时,不仅要注意其功率量程是否足够,还要注意仪表的电流量程以及电压量程是否与被测功率的电流和电压相适应。

【**例 5-1**】 有一感性负载,额定功率为 1000 W,额定电压为 220 V,$\cos\varphi=0.6$。现要用功率表去测量它实际消耗的功率,试选择所用功率表的量程。

【**解**】 因为负载的额定电压为 220 V,应选功率表的电压量程为 300 V。

负载的额定电流为 $I=P/(U\cos\varphi)=1000/(220\times0.6)$ A $=7.58$ A

故确定选用电流量程为 10 A,电压量程为 300 V,功率量程为 300×10 W $=3000$ W 的功率表。

2. 接线方式的选择

由于电动系仪表指针的偏转方向与两线圈中电流的方向有关,为防止指针反转,规定了两线圈的发电机端,用符号"＊"表示。功率表应按照发电机端守则进行接线。发电机端守则的具体内容如下。电流线圈:保证电流从发电机端流入,电流线圈与负载串联。电压线圈:保证电流从发电机端流入,电压线圈支路与负载并联。

按照上述原则,功率表的接线有以下两种方式。

1) 电压线圈前接方式

电压线圈前接方式如图 5-8(a) 所示,它适用于负载电阻比功率表电流线圈电阻大得多的情况。

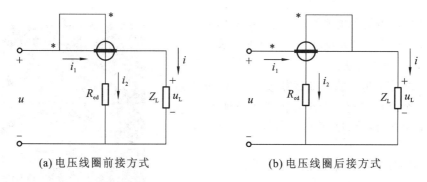

(a) 电压线圈前接方式   (b) 电压线圈后接方式

图 5-8 功率表的正确接线

由于功率表电流线圈和负载直接串联,因此,通过电流线圈的电流就等于负载电流。但是,由于电压线圈接在电流线圈的前面,所以,功率表电压支路两端的电压就等于负载电压加上电流线圈的电压,即在功率表的读数中增加了电流线圈的功率消耗,这就产生了测量误差。显然,负载功率比电流线圈损耗的功率大得越多,测量结果越准确。因此,电压线圈前接方式适用于负载电阻比功率表电流线圈电阻大得多的情况。

2) 电压线圈后接方式

电压线圈后接方式如图 5-8(b) 所示,它适用于负载电阻比功率表电压线圈支路电阻小得多的情况。

由于电压线圈支路和负载直接并联,因此,加在功率表电压线圈支路两端的电压就等于负载电压。但是,由于电流线圈接在电压线圈支路的前面,所以,通过电流线圈的电流就包括了负载电流和电压线圈支路的电流,即在功率表的读数中增加了电压线圈支路的功率损耗,这同样也会造成测量误差。因此,电压线圈后接方式适用于负载电阻比功率表电压线圈支路电阻小得多的情况,这样才能保证功率表本身对测量结果的影响比较小。

不论采用电压线圈前接或者后接方式,其目的都是尽量减小测量误差,使测量结果较为准确。尽管如此,功率表的读数仍会由于仪表内部损耗的影响而有所增大。在一般工程测量中,被测功率要比仪表本身功率损耗大得多,因此,仪表内部功率损耗对测量结果的影响可以不予考虑。此时,由于功率表电流线圈的损耗通常比电压线圈支路的损耗小,因此,以采用电压线圈前接方式为宜。但是,若被测功率很小时,就不能忽略仪表本身的功率损耗了。此时,应根据仪表的功率损耗值对读数进行校正,或采取一定的补偿措施。

3. 功率表指针反偏现象及处理

实际测量中,经常会遇到功率表接线正确,但指针仍反转的现象。造成这种现象的原因主要有如下这些。负载端含有电源,并且负载不是消耗功率而是发出功率。发生在三相电路的功率测量中,这时,为了取得正确读数,必须在切断电源之后,将电流线圈的两个接线端对调,并且在测量结果前面加上负号。但不得调换功率表电压线圈支路的两个接线端,因为电压线圈支路中所串联的分压电阻 R_V 数值很大,其电压降也大,若对调电压线圈支路的接线端,将使 R_V 靠近电源端,如图 5-9 所示,这样,电压线圈的电位很低,而电流线圈的内阻小,其电压降也小,电位接近于电源电压。由于两线圈之间距离很近,两者之间的电位差很大(近似等于电源电压),两线圈之间会产生较大的附加电场,从而引起仪表较大的附加误差,严重时甚至会造成仪表绝缘的击穿。

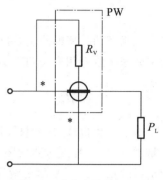

图 5-9 功率表的错误接线

注意:为使用方便,有些便携式功率表的电压支路中专门设置一个电流换向开关,它只改变电压线圈中电流的方向,并不改变分压电阻 R_V 的安装位置,因此,不会产生上述的不良后果。

4. 正确读数

便携式功率表一般都有几种不同的电流和电压量程,但标度尺却只有一条,因此,功率表的标度尺只标有分格数,而不标瓦特数。当选用不同的量程时,功率表标度尺的每一分格所表示的功率值不同。通常把每一分格所表示的瓦特数称为功率表的分格常数。一般的功率表都附有表格,表格上标明在不同电流、电压量程时的分格常数,以供查用。表 5-1 为 D26-W 功率表的分格常数表。

表 5-1 D26-W 功率表的分格常数表

电压量程/V	电流量程/A	功率量程/W	分格常数
150	2.5	375	2.5
	5	750	5
300	2.5	750	5
	5	1500	10
600	2.5	1500	10
	5	3000	20

各种型号功率表的分格常数表不一定相同,使用时一定要使用各表单独配用的分格常数表,才能得到准确的读数。

安装式功率表通常都做成单量程的,其电压量程一般为 100 V,电流量程一般为 5 A,以便和电压互感器及电流互感器配套使用。为了便于读数,安装式功率表的标度尺可以直接按被测功率的实际值加以标注,但是必须和指定变比的仪用互感器配套使用。

◀ 第三节　三相有功功率的测量 ▶

三相有功功率的测量,可以用单相功率表,也可以用三相功率表。本节主要讨论用单相功率表来测量三相有功功率的方法,并介绍三相有功功率表的组成及使用方法。

一、一表法

由于三相负载对称,只要用一块功率表测量三相中任意一相的功率 P_1,则三相总功率就是 $P=3P_1$。接线方式如图 5-10 所示,在图 5-10(a)和图 5-10(b)中,功率表的读数都是单相负载的功率。当 Y 接负载的中性点无法引出,或接负载的一相不能断开接线时,则可采用图 5-10(c)所示的人工中点法将功率表接入。两个附加电阻 R_N 应与功率表电压支路的总电阻相等,使人工中点 N 的电位为零。

一表法适用范围:测量三相对称负载的有功功率。测量结果:按一表法接线,则三相总功率 $P=3P_1$。

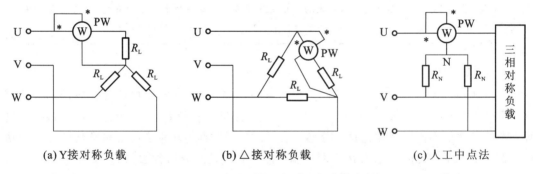

(a) Y接对称负载　　　　　(b) △接对称负载　　　　　(c) 人工中点法

图 5-10　一表法测量三相对称负载的功率

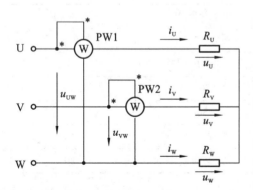

图 5-11　两表法测量三相三线制负载的功率

二、两表法

两表法接线规则的内容如下。

(1) 两块功率表的电流线圈分别串联在任意两相线上,使通过线圈的电流为线电流,电流线圈的发电机端必须接到电源一侧。

(2) 两块功率表电压线圈的发电机端应分别接到该表电流线圈所在的相线上,另一端则共同接到没有接功率表电流线圈的第三相上,如图 5-11 所示。

两表法适用范围:对称三相三线制电路,不

论负载是否对称,也不论负载是 Y 接还是△接,都能用两表法来测量三相负载的有功功率。

测量结果:按两表法接线,三相总功率 $P = P_1 + P_2$。

三、三表法

用三只单相功率表分别测出每一相负载的功率,接线方式如图 5-12 所示。

三表法适用范围:测量三相四线制不对称负载的有功功率。测量结果:按三表法接线,三相总功率 $P = P_1 + P_2 + P_3$。

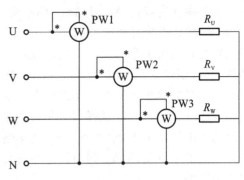

图 5-12 三表法测量三相四线制
不对称负载的功率

四、三相有功功率表

1. 电动系三相功率表

在实际应用中,为测量方便,往往采用三相功率表,它实际上是由两只单相功率表的测量机构组合而成的,故又称为两元件三相功率表。它的工作原理与两表法原理完全相同。在它的内部装有两组固定线圈以及固定在同一转轴上的两个可动线圈,因此,仪表的总转矩等于两个可动线圈所受转矩的代数和,能直接反映出三相功率的大小。这种功率表的接线方式与两表法的接线方式完全一样。

图 5-13 所示为 D33-W 型三相有功功率表的实物图,以及测量三相有功功率时各端钮应连接的位置。

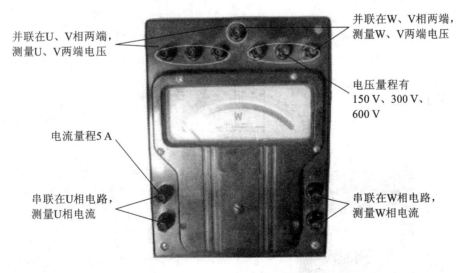

并联在U、V相两端,测量U、V两端电压

并联在W、V相两端,测量W、V两端电压

电压量程有150 V、300 V、600 V

电流量程5 A

串联在U相电路,测量U相电流

串联在W相电路,测量W相电流

图 5-13 D33-W 型三相有功功率表

2. 铁磁电动系三相功率表

安装式三相有功功率表通常采用铁磁电动系测量机构,并做成两元件式,如图 4-14 (a)所示,其工作原理与两表法原理一样。它是由两套结构完全相同的元件构成的,其中右侧元件由固定线圈 A_1、可动线圈 D_1 构成，E 形铁芯 1 和弓形铁芯 2 构成其磁路部分，R_1、R_2 串联后成为可动线圈的分压电阻，C_1 为补偿电容，用来补偿由于电压线圈的电感以及铁芯损耗所引起的误差。左侧元件在结构上与右侧元件完全相同，但为了减少外磁场的影响，固定线圈 A_2 的绕向应与 A_1 的绕向相反。铁磁电动系三相功率表电压线圈支路分压电阻的接法与一般电动系功率表不同，它们靠近电压线圈支路的发电机端，其测量电路如图 5-8(b) 所示。这样接线的好处是两个可动线圈的一端直接接到公共 V 相上，它们之间的电位差很小，绝缘要求低，便于制造。这种接法虽然使可动线圈与固定线圈之间存在较高的电位差，但是，利用铁芯与公共 V 相直接连接后的屏蔽作用，可以消除静电对仪表的影响。

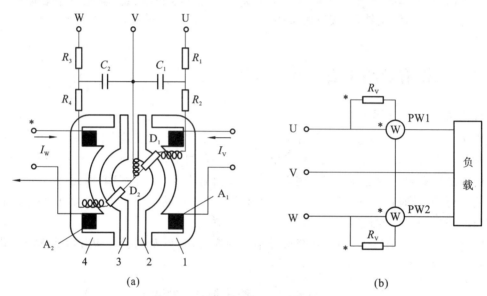

(a)   (b)

图 5-14 铁磁电动系三相功率表的结构及接线

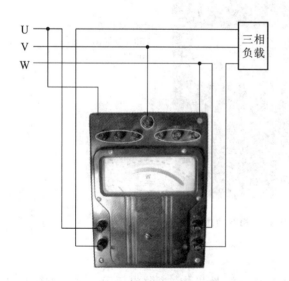

图 5-15 用三相有功功率表测量三相负载的功率

■ **跟我练:**

用三相有功功率表测量三相负载的功率。

[实验器材]D33-W 型三相有功功率表 1 块，三相异步电动机 1 台，连接导线若干。

[实验步骤]

(1) 按图 5-15 所示连接。

(2) 检查线路无误后接通三相电源，观察功率表指针偏转情况，并记录。

(3) 计算三相异步电动机功率。

第四节　三相无功功率的测量

实践表明,有功功率表不仅可以测量有功功率,如果适当改变它的接线方式,还可以用来测量无功功率。本节将介绍几种用单相有功功率表测量三相无功功率的方法。另外,介绍生产中常用的铁磁电动系三相无功功率表。

一、一表跨相法

适用范围:三相电路完全对称的情况。

测量结果:按图 5-16 所示的电路接线,由单相功率表的工作原理可知,功率表的读数为

$$Q_1 = U_{VW} I_U \sin\varphi \tag{5-1}$$

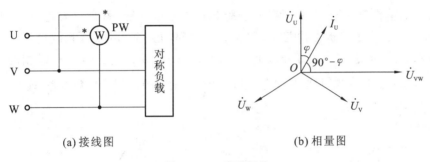

(a) 接线图　　　　　　　　　　(b) 相量图

图 5-16　一表跨相法

考虑到 U_{VW} 为线电压的有效值,令 $U_{VW} = U_L$,I_U 为线电流的有效值,令 $I_U = I_L$,于是式(5-1)可写为

$$Q_1 = U_L I_L \sin\varphi \tag{5-2}$$

由于对称三相电路中负载总的无功功率为

$$Q = \sqrt{3} U_L I_L \sin\varphi \tag{5-3}$$

所以,只要把功率表的读数乘以 $\sqrt{3}$ 就是对称三相负载总的无功功率。

上面的结论虽然是在负载做星形连接时得出的,但一表跨相法同样适用于负载成三角形连接时的完全对称三相电路。

综上所述,一表跨相法的适用范围是:完全对称的三相三线制电路(负载连接方式不限)和三相四线制电路。

二、两表跨相法

采用两只单相功率表,每只表都按一表跨相法的原则接线,就得到图 5-17 所示的两表跨相法的接线图。在三相电路对称的情况下,每只功率表的读数 Q_1 和 Q_2 与一表跨相法的一样,即

$$Q_1 = Q_2 = U_L I_L \sin\varphi \tag{5-4}$$

所以,两表读数之和为

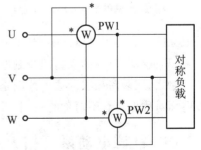

图 5-17　两表跨相法的接线图

$$Q_1+Q_2=2U_\mathrm{L}I_\mathrm{L}\sin\varphi \tag{5-5}$$

因此,把两个功率表的读数相加后,再乘以一个系数$\sqrt{3}/2$就可得到三相无功功率,即

$$Q=\frac{\sqrt{3}}{2}(Q_1+Q_2)=\sqrt{3}U_\mathrm{L}I_\mathrm{L}\sin\varphi \tag{5-6}$$

适用范围:适用于三相电路对称的情况。但是,实际中由于供电系统电源电压不对称的情况是难免的,而两表跨相法在此情况下测量的误差较小,因此此法仍然适用。

三、三表跨相法

用三个功率表测量三相电路中总的无功功率的方法称为三表跨相法。三表跨相法的接线原则是:将三个功率表的电流线圈分别串联接入 U、V、W 三相端线中,它们的发电机端都接电源侧;每个功率表的电压线圈支路的发电机端接在正相序 U—V—W 的后一相(相对于该功率表的电流线圈所在相)端线上,非发电机端接在前一相端线上。

采用三只单相功率表,每表都按一表跨相法的原则接线,就是三表跨相法,其接线图如图 5-18 所示。为了分析方便起见,假设三相电路为完全对称、负载做星形连接的三相三线制电路,且为电感性。由于电源电压对称,所以负载相电压等于相应相的电源相电压,相电压 u_U、u_V 和 u_W 也对称,且线电压和相电压的有效值之间有倍数关系,即 $U_\mathrm{VW}=\sqrt{3}U_\mathrm{U}$,$U_\mathrm{WU}=\sqrt{3}U_\mathrm{V}$,$U_\mathrm{UV}=\sqrt{3}U_\mathrm{W}$。

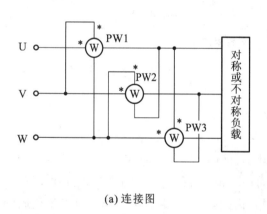

(a) 连接图 (b) 相量图

图 5-18 三表跨相法

三相负载总的无功功率为 $Q=\dfrac{1}{\sqrt{3}}(Q_1+Q_2+Q_3)$,这个结论对于负载做三角形连接时也是成立的。同时也可以证明,对于电源电压对称但负载不对称的三相三线制电路(负载接法不限)和负载不对称的三相四线制电路,上述结论也同样成立。

总之,三表跨相法的适用范围是:电源电压对称而负载也对称的各种三相电路,以及电源电压对称但负载不对称的三相三线制和三相四线制电路。

四、铁磁电动系三相无功功率表

安装式三相无功功率表大多采用铁磁电动系测量机构,并按两表跨相法(或两表人工中

点法)的原理制成。仪表的基本结构与铁磁电动系两元件三相有功功率表的相同,即把两只单相功率表的测量机构组合在一起,仪表的总转矩为两个元件转矩的代数和。为了读数方便,标度尺一般都直接按三相无功功率进行刻度。

按两表跨相法原理制成的 1D5-VAR 型三相无功功率表的接线如图 5-19 所示,它只适用于三相三线制负载对称的电路。

按两表人工中点法原理制成的 1D1-VAR 型三相无功功率表的接线如图 5-20 所示,它适用于三相三线制负载对称或不对称的电路。

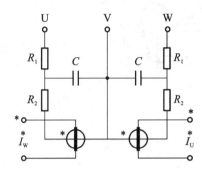

图 5-19 1D5-VAR 型三相无功功率表的接线

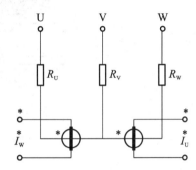

图 5-20 1D1-VAR 型三相无功功率表的接线

◀ 第五节 感应系电能表的结构及基本原理 ▶

单相感应系电能表的结构如图 5-21 所示,它的主要组成部分如下。

1)驱动元件

驱动元件用来产生转动力矩。它由电压元件和电流元件两部分组成。电压元件是在 E 形铁芯上绕制的匝数多且导线截面较小的线圈,该线圈在使用时与负载并联,故称电压线圈。电流元件是在 U 形铁芯上绕制的匝数少且导线截面较大的线圈,该线圈使用时与负载串联,称为电流线圈。

2)转动元件

转动元件由铝盘和转轴组成,转轴上装有传递铝盘转数的蜗杆。仪表工作时,驱动元件产生的转动力矩将驱使铝盘转动。

3)制动元件

制动元件由永久磁铁构成,用来在铝盘转动时产生制动力矩,使铝盘的转速与被测功率成正比。

4)计度器

计度器也称积算机构,用来计算铝盘的转数,实现累计电能的目的。它包括安装在转轴上

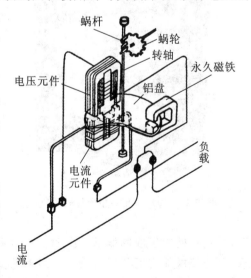

图 5-21 单相感应系电能表的结构

的齿轮、滚轮以及计数器等,如图 5-22 所示。电能表最终通过计度器直接显示出被测电能的数值。

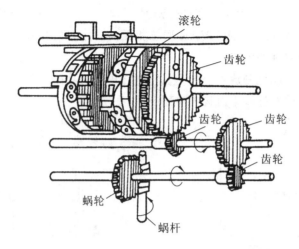

图 5-22　计度器的结构

◀ 第六节　单相电能表的使用 ▶

一、常见单相电能表简介

1. DD862 型单相电能表简介

DD862 型单相电能表的外形如图 5-23 所示。

图 5-23　DD862 型单相电能表的外形

1）适用范围

DD862 型单相电能表属于感应式仪表,为全国统一设计产品,用于计量频率为 50 Hz 的单相交流有功电能,它主要由电磁元件、转动圆盘、轴承、阻尼磁钢、计度器和调整装置等组成,具有高精度、高灵敏度、长寿命、性能稳定、误差曲线平直、精度满足国家标准的要求、损耗小、一致性好等特点。同时,具有稳定可靠、维修方便等优点。

2）结构特点

电磁元件采用卧式放置,电磁部分采用分离形式。电压铁芯采用半封闭插入式,电流元件采用二级补偿,使该表具有宽的负载特性,全塑封的电压线圈能承受瞬时高电压冲击。轴承部分采用带有防震弹簧的双宝石轴承,以延长电能表的使用寿命。双级铝镰钻阻尼磁钢具有高矫顽力,磁性能稳定。使用铜接线柱,导电性能好,耐摩擦。产品使用五位或六位字轮计度器。其技术指标符合国家标准及国际电工委员会的有关标准。适用于温度为−10～+50 ℃，相对湿度不超过 85％的环境中。

3）规格及技术参数

准确度等级：2.0 级。

额定电压：220 V

额定电流：1.5(6) A、2.5(10) A、5(20) A、10(40) A、15(60) A、20(80) A、30(100) A。

2. DDS 67 型单相电子式电能表简介

DDS67 型单相电子式电能表外形图和接线图如图 5-24 所示。它采用国际先进的专用超大规模集成电路及 SMT 工艺制造，关键元器件均采用国际知名品牌的低功耗、长寿命器件。整机设计采用了多种抗干扰技术，提高了产品的可靠性和使用寿命。数据显示采用大屏幕中文显示，便于抄表。可以直接准确计量正反向有功电量、火线零线电量，并依据相应的费率设置进行多费率计量，可存储上 12 个结算日总电能和各费率的电能数据，具有事件记录功能，支持 14 个年时区、8 个日时段表、14 个日时段、4 种费率。同时还具有红外和RS485 通信功能，可实现远程抄表，通信规约遵循 DL/T 645—2007。其性能指标符合 GB/T 17215.321—2008 标准。

(a) 外形图

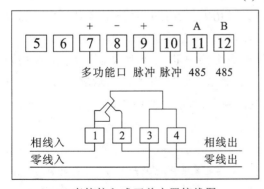

(b) 直接接入式开关内置接线图

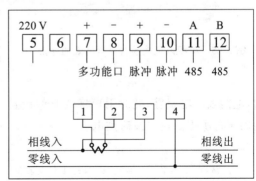

(c) 互感器接入式开关内置接线图

图 5-24　DDS 67 型单相电子式电能表

3. 单相电子式预付费(IC 卡)电能表简介

单相电子式预付费(IC 卡)电能表的用途是计量额定频率为 50 Hz 的交流单相有功电能并实现电量预购功能。它是一种采用先进的固态集成技术制造的新产品,其特点是精度高、过载能力强、功耗低、体积小、重量轻。供电部门可通过计算机售电管理系统对用户预购电量、预置等,并经电卡传递给电能表。并且可按需要储存用户表的出厂表号、电能表常数、计度器初始值、用户地址及姓名等,并进行系统管理。该电能表具有数据回读功能:当将电卡插入表内,电能表正确读取数据后,能够将表内总电量、本次剩余电量、上次剩余电量、总购电次数等数据回读到电卡中,便于供电部门与用户进行信息传递,保护供用电双方的利益。该电能表具有自动计算用户消耗电量、停电时表内数据自动保护、最大负载控制等功能。

单相电子式预付费电能表采用六位计度器显示总消耗电量,其中左五位为整数位(黑色),右一位为小数位(红色),窗口示数为实际用电量,另外还用四位数码管显示所购电量和剩余电量(0~9999 kW·h)。电卡作媒介,由供电部门设置密码,保证了电卡只能由用户自己使用而不能换用,电卡可反复使用达 1000 次以上,表内的电卡插座与表内通过的市电完全绝缘,可保证用户使用电卡时的安全性。

单相电子式预付费电能表的准确度等级为 1.0 级,额定电压为 220 V,额定电流有 2(10) A、5(25) A、10(50) A、20(100) A 等多种规格。

图 5-25 单相电子式预付费电能表的外形

单相电子式预付费电能表的外形如图 5-25 所示。

在电能表的面板上,装有红色功率指示灯,用以指示用户用电状况,用电负载功率越大,该指示灯闪烁的频率越快,反之越慢。当用户不用电时,该指示灯停在长亮或长灭状态下均属正常,用电恢复后该灯继续随负载功率的大小以不同的频率闪烁。使用前,用户携带电卡到供电部门指定的售电系统购电后,将购电后的电卡插入电表,保持 5 s 后方可拔出电卡,即可用电。在用户拔下电卡约 30 s 后,电表进入隐显状态。当电表电量小于 10 kW·h 时,电表由隐显状态变为常显状态,提醒用户电量已剩余不多。当用户电量剩至 5 kW·h 时,电能表断电报警,此时用户将电卡重新插入电表一次,可继续使用 5 kW·h 电量。此功能用于再次提醒用户及时购电。

> **注意**:电卡内装有集成电路,为防止静电损坏,电卡一定要妥善保管,不应放入易产生静电的物体中(如纤维、塑料),并注意保持电卡插头的清洁。如电卡丢失,应及时到售电部门申请补发。电能表在运输与装卸过程中应避免受到剧烈冲击。

二、单相电能表的使用方法

电能表的种类有很多,按照其测量对象不同可分为有功电能表和无功电能表,常用的有功电能表按照其适用的场合不同又可分为单相电能表、三相三线电能表和三相四线电能表。电能表虽然种类规格不同,但使用方法大致相同。下面介绍单相电能表的使用方法。

1. 正确选择量程

选择电能表量程时,应使电能表额定电压与负载额定电压相符,电能表额定电流应大于或等于负载的最大电流。

2. 正确接线

单相电能表的接线和功率表的一样,必须遵守"发电机端守则",即电能表的电流线圈与负载串联,电压线圈与负载并联,两线圈的发电机端应接电源的同一极性端。为接线方便,单相电能表的发电机端已在表的内部接好,在电能表的下方都设有专门的接线盒,盒内接有四个端钮,连接时只要按照"1、3端接电源,2、4端接负载"进行接线就可以了,如图5-26所示。

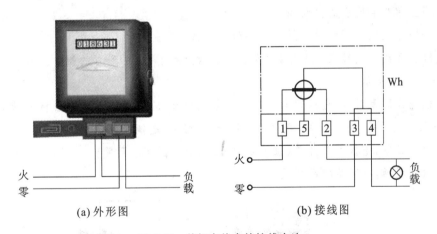

| (a) 外形图 | (b) 接线图 |

图 5-26 单相电能表的接线方法

> **注意:**通常情况下,为方便电能表的接线,都将电能表的接线图印在端钮盒盖的里面,使用时只要按照接线图接线即可

3. 读数

对直接接入电路的电能表,以及与所标明的互感器配套使用的电能表,都可以直接从电能表上读取被测电能。当电能表上标有"10×kW·h"或"100×kW·h"字样时,应将表的读数乘以10或100,才是被测电能的实际值。当配套使用的互感器变比和电能表标明的不同时,则必须将电能表的读数进行换算后,才能求得被测电能实际值。

4. 电能表的安装要求

（1）通常要求电能表与配电装置装在一处。安装电能表的木板正面及四周边缘应采取防潮措施。木板必须坚实干燥,不应有裂缝,拼接处要紧密平整。

（2）电能表应安装在配电装置的左方或下方。安装高度应在 0.6～1.8 m 范围内（表水平中心线距地面尺寸）。

（3）电能表要安装在干燥、无振动和无腐蚀气体的场所。

（4）不同电价的用电线路应分别装表,同一电价的用电线路应合并装表。

（5）电能表安装要牢固、垂直。每块表除挂表螺丝外,至少应有 1 个定位螺丝,使表中心线向各方向倾斜度不大于 10°,否则会影响电能表的准确度。

跟我练：

单相电能表的接线。

下面以 DD862 型单相有功电能表为例,说明单相电能表的使用方法。

[实验器材]单相有功电能表 1 块,单相闸刀开关 1 只,瓷插保险 2 只,单相空气开关 1只,螺口灯座 1 只,单相开关 1 只,连接硬导线若干。

[实验步骤]

（1）画出单相电能表的接线图。

（2）按照接线图进行元件布局,要求布局合理、美观。

（3）进行接线。接线应安全可靠,安装符合从上到下、从左到右的要求。接好线的单相电能表如图 5-27 所示。

（4）检查线路无误后,进行通电试验。通电试验时,应注意使电能表面板与地面垂直放置。先合上空气开关、闸刀开关,最后扳动灯开关,灯亮,电能表铝盘缓慢转动。

（5）实验结束,先扳动灯开关,拉下闸刀开关,最后扳下总开关。

（6）清理现场,将实验物品摆放整齐。

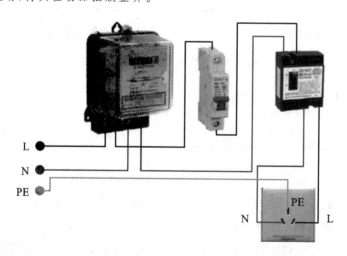

图 5-27 接好线的单相电能表

第七节 三相有功电能表的结构及基本原理

尽管电能表和功率表在结构及用途上都不相同,但是,就测量负载功率这一点来讲,它们却是完全相同的,只不过电能的测量还需增加计度器,以计算功率的使用时间。因此,对三相电路有功功率测量的各种方法和理论,同样适用于三相有功电能的测量。换句话说,三相电路有功电能的测量,也可用一表法、两表法、三表法来实现。值得注意的是,由于电能表中的电压线圈是一个阻抗而不是一个纯电阻,要获得完全平衡的人工中点比较困难,因此,在三相电能测量中,通常不采用人工中点法。

生产实际中的三相电能测量,一般都采用三相电能表。三相电能表是根据两表法或三表法的原理,把两个或三个单相电能表的测量机构组合在一块表壳内进行测量的。实际中,由于完全对称的三相电路很少,所以一表法在三相电能的测量中使用较少。下面介绍常用的三相三线有功电能表和三相四线有功电能表。

一、三相三线有功电能表

三相三线有功电能表是根据两表法测量三相功率的原理,由两只单相电能表的测量机构组合而成的,其内部结构如图 5-28 所示。将它接入电路后,作用在转轴上的总转矩等于两组元件产生的转矩之和,并与三相电路的有功功率成正比。因此,铝盘的转数可以反映有功电能的大小,并通过计度器直接显示出三相电能的数值。国产 DS15、DS18、DS862 等型号的三相有功电能表,就采用了这种两元件双盘的结构。但有的电能表做成两元件单盘的结构(如 DS2 型),这种电能表的结构较紧凑,体积较小,但由于两组元件间磁通和涡流的相互干扰,误差比双盘结构的大。

二、三相四线有功电能表

三相四线有功电能表实际上是按照三表法测功率的原理,由三只单相电能表的测量机构组合而成。常见的是具有三个驱动元件和两个铝盘结构的三相四线有功电能表,如 DT18 型电能表。它的特点是有两组驱动元件共同作用在一个铝盘上,另一组元件单独作用在另一个铝盘上。也有采用三元件单盘结构的电能表。铝盘越少,可动部分越轻,电能表体积越小,但误差较大。

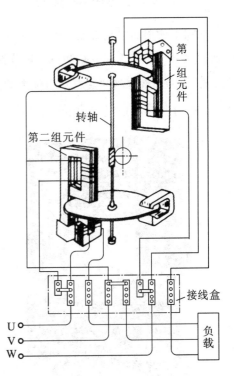

图 5-28 三相三线有功电能表的内部结构

三、三相有功电子电能表

单相电子电能表是根据上述测量原理进行电能计量的。而三相有功电子电能表则是通过两个或者三个模拟乘法器,分别将每一相的有功功率运算成与这一个单相有功功率成正比的模拟电压信号,通过模拟加法器将两个电压信号 U_1、U_2 或者三个电压信号 U_1、U_2、U_3 相加获得一个相加的和 U_o,模拟电压信号与三相有功功率 P 成正比,模拟量 U_o 通过 U/f(或 I/f)转换成数字脉冲输出,经计数器累积计数去驱动计度器,把三相三线电能数值或三相四线电能数值显示出来。

◀ 第八节　三相有功电能表的使用 ▶

一、三相有功电能表简介

实际中使用的三相有功电能表分为三相三线有功电能表和三相四线有功电能表两种,分别适用于三相三线制电路和三相四线制电路中三相负载有功电能的测量。

1. DS862 型三相三线有功电能表简介

DS862 型三相三线有功电能表的外形如图 5-29 所示。

图 5-29　DS862 型三相三线有功电能表的外形

1）适用范围

DS862 机械式三相三线电能表是全国电度表行业联合设计的感应系交流电能表,该系列产品规格齐全、性能稳定,适用于三相交流电网中工业用电和民用电的电能计量。该表用于计量额定频率为 50 Hz,额定电压为 $3\times220/380$ V 的三相三线制交流有功电能的测量。若电能表配用互感器时,需将从窗口读到的度数乘以互感器的变比后才是实际度数。

2）结构特点

DS862 型三相三线电能表采用双盘结构。它的基架采用优质铝合金压铸而成,并经过时效处理,具有良好的稳定性。采用双宝石转动轴承,减小了摩擦力矩。计度器转动轴两端采用宝石轴承结构,转动更为灵活。制动元件采用高矫顽力合金永磁磁钢,性能更加稳定。电压元件为半封闭插片结构,电流元件加补偿环节,性能稳定,易于制造。该表过载倍数可达 4 倍,具有过载能力强、误差线性好、质量稳定、设计使用寿命可达 15 年、性能可靠等特点。

3）主要技术指标

准确度等级：2.0 级。

额定电压：3×220/380 V。

额定电流：1.5(6) A、5(20) A、10(40) A、15(60) A、20(80) A、30(100) A。

额定频率：50 Hz。

环境条件：工作温度－25～＋55 ℃，相对湿度 85％。

2. DT862 型三相四线有功电能表简介

DT862 型三相四线有功电能表的外形如图 5-30 所示。

1）适用范围

DT862 型三相四线有功电能表是一种感应系电能表，适
用于计量三相正弦交流电网，计量额定频率为 50 Hz、额定电
压为 3×220/380 V 的三相四线制交流有功电能。若电能表
配用互感器时，需将从窗口读到的度数乘以互感器的变比后，
才是实际度数。该产品具有结构合理、性能稳定、外形美观、
计量准确、过载能力强、可靠性好等特点。由于改进设计后降
低了电能表常数，使其使用寿命在原来的基础上提高了 2～3
年。该表虽然性能很好，但价格并不高，有很好的性价比，在
电能表市场上有较高的占有率，产品性能符合国家有关标准
规定。

**图 5-30 DT862 型三相四线
有功电能表的外形**

2）结构特点

DT862 型三相四线有功电能表的电磁元件为分离式结
构，电压铁芯采用整片冲制的封闭型样片铁芯，铝合金压铸整体支架，确保磁路稳定可靠。
转动系统经过静平衡校准，其轴承采用带有防震弹簧的双宝石结构，并用热磁合金片作温度
补偿。该表采用 5 位或 6 位字轮计度器，计度器工作稳定，寿命长。

3）规格及技术参数

准确度等级：2.0 级。

额定电压：3×220/380 V。

额定电流：1.5(6) A、5(20) A、10(40) A、15(60) A、20(80) A、30(100) A。

额定频率：50 Hz。

环境条件：工作温度－10～50 ℃，相对湿度 85％。

二、三相有功电能表的使用方法

1. 正确选择量程

选择三相有功电能表量程时，应使电能表额定电压与负载额定电压相符，电能表额定电
流应大于或等于负载的最大电流。

2. 正确接线

1) 三相三线有功电能表的接线

三相三线有功电能表的接线方法与两表法测量功率的接线方法相同。按规定,对低压供电线路,其负荷电流为 80 A 及以下时,宜采用直接接入式电能表,接线图如图 5-31 所示;负荷电流为 80 A 以上时,宜采用经电流互感器接入式电能表,其接线图如图 5-32 所示。

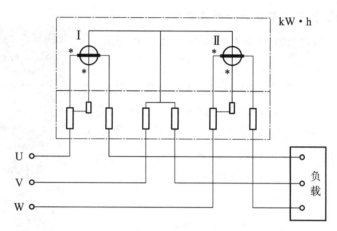

图 5-31　三相三线有功电能表直接接入被测电路

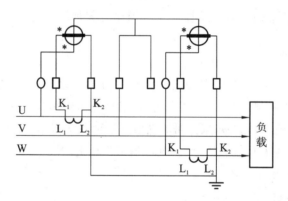

图 5-32　三相三线有功电能表配以电流互感器的接线图

三相三线有功电能表接入被测电路时,其接线原则与两表法测量三相有功功率的接线原则相同。图 5-31 所示是三相三线有功电能表直接接入被测电路的接线图。

假设两组电磁元件的标号分别为 Ⅰ、Ⅱ。接线时所必须遵守的原则是:连接在 U、W 相火线中,"发电机端"接电源侧;两电压线圈的"发电机端"也应接电源侧,其中 Ⅰ 元件的电压线圈接 U_{UV} 线电压,而 Ⅱ 元件的电压线圈接 U_{WV} 线电压。

各组电磁元件的电流线圈和电压线圈的"发电机端"和"非发电机端"都已在接线盒中排列并接在相应端钮上。安装接线时,只需按说明书提供的接线图将各进线和出线接在接线盒的相应端钮上。凡不是按上述原则的接线均是错误的接线,三相三线有功电能表接线时,可能出现的错误接线情况有几十种,在实际工作中都应该避免。

2）三相四线有功电能表的接线

目前常见的 DT862 型三相四线有功电能表的外形与三相三线有功电能表的外形基本一样，其接线方法如图 5-33 所示。

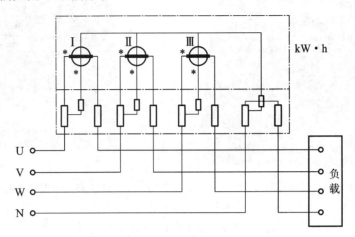

图 5-33 三相四线有功电能表直接接入被测电路

3）接线注意事项

实际使用时，如果完全按照接线图进行接线，仍然发生铝盘反转的情况，则可能出现了下列情况。

（1）装在双侧电源联络盘上的电能表，一段母线向另一段母线输出电能变为另一段母线向这段母线输出电能。

（2）用两只单相电能表测量三相三线有功电能，当 $\cos\varphi < 0.5$ 时，其中一块电能表也会出现反转现象。电能表在通过仪用互感器接入电路时，必须注意互感器接线端的极性，以使电能表的接线仍满足"发电机端守则"。

（3）通常情况下，为方便三相有功电能表的接线，都将电能表的接线图印在使用说明书中或端钮盒盖的里面，使用时只要按照接线图接线即可。

3．正确读数

对直接接入电路的电能表，以及与所标明的互感器配套使用的电能表，都可以直接从电能表上读取被测电能。当电能表上标有"10×kW·h"或"100×kW·h"字样时，应将表的读数乘以 10 或 100，才是被测电能的实际值。

■ **跟我练：**

三相有功电能表的接线。

[实验器材]三相四线电能表 1 块，三相三线电能表 1 块，电流互感器 3 只，接地用接线柱 1 只，三相空气开关 1 只，瓷插保险 3 只，硬导线若干米。

[实验步骤]

（1）仔细阅读三相四线电能表的相关知识，读懂图 5-33 所示的接线图。

（2）进行三相四线电能表的接线。

① 画出三相四线电能表的接线原理图。

② 按照接线原理图进行元件布局。本实验要求电源从左上方引入，从右下方引出，电

能表置于配线板中央,用螺钉固定各元器件,如图 5-34 所示。

图 5-34　元件布局　　　　　　图 5-35　三相四线电能表的接线

③ 可参照图 5-35 所示进行安装接线,接线应做到安全可靠、布局合理。

(3) 进行三相三线有功电能表配以电流互感器的接线。

① 画出三相三线有功电能表配合电流互感器的接线原理图。

② 按照接线原理图进行接线。接线应做到安全可靠、布局合理。

注意:本实验不必进行通电试验,只要接线正确、布局合理、外观美观即可。

第九节　三相无功电能表

在发配电过程中,为了了解设备的运行情况以改善电能质量,提高设备的利用率和降低线路损耗,需要安装无功电能表,以对无功电能进行测量。

电力工程中,单相无功电能表很少应用,大量使用的是三相无功电能表。三相无功电能表主要有采用附加电流线圈的三相无功电能表(DX1 型)和具有 60° 相位差的三相无功电能表(DX2 型)两种。

一、采用附加电流线圈的三相无功电能表

采用附加电流线圈的三相无功电能表的结构与二元件三相有功电能表的结构基本相同,不同的地方仅在于每个电磁元件的电流铁芯上,除了绕有基本的电流线圈外,还绕有与基本电流线圈匝数相等的附加电流线圈。图 5-36 所示为采用附加电流线圈的三相无功电能表直接接入被测电路的接线图。

图 5-36 中,每一组电磁元件的基本电流线圈和电压线圈的接线原则,和两表跨相法测量三相无功功率的接线原则相同,即两组电磁元件的基本电流线圈分别按"发电机端原则"串联接入 U、W 相火线中,通过它们的电流分别为 I_U 和 I_W;Ⅰ组电磁元件的电压线圈两端电压为 U_{VW},Ⅱ组电磁元件的电压线圈两端电压为 U_{UV};两个附加电流线圈互相串联起来,

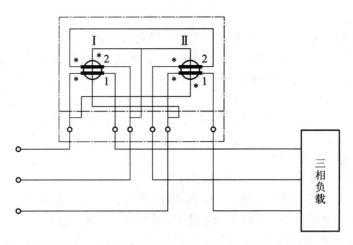

图 5-36 采用附加电流线圈的三相无功电能表直接接入被测电路的接线图

然后串联接入没有接基本电流线圈的 V 相火线中。

每个附加电流线圈的接线极性与同一电流铁芯上的基本电流线圈的极性应相反,以使同一电流铁芯上的这两个电流线圈产生的磁通方向相反。可以证明,当三相电源电压对称时,两组电磁元件产生的总平均转矩为

$$M=\sqrt{3}C_1Q \tag{5-7}$$

式中,C_1 为比例系数。

由式(5-7)可见,总平均转矩 M 和三相无功功率 Q 成正比,因而通过积算机构,便可测出三相无功电能。为了能直接读出三相无功电能的数值,在制造时,通过减小电流线圈(包括基本电流线圈和附加电流线圈)的匝数,以使总平均转矩减小到原来的 $1/\sqrt{3}$,这样就可以直接从电能表中读出被测三相无功电能的数值。

这种三相无功电能表适用于电源电压对称、负载对称(或不对称)的三相三线制和三相四线制电路。

二、电能计量监督管理

电能计量装置应满足发电、供电、用电三方面准确计量的要求,以作为考核电力系统技术经济指标和合理计费的依据。因此,电能表的准确度等级应按以下原则选用。

(1) 以下回路采用 0.5 级有功电能表和 0.2 级无功电能表:

① 100 MW 及以上的发电机;

② 发电机-变压器组扩大单元接线及容量为 50～100 MW 的水轮发电机;

③ 电力系统间的联络线路和月平均用电量 106 kW·h 及以上(相当于负载容量为 2000 kVA 及以上)的用户线路。

(2) 以下回路应采用 1.0 级有功电能表和 2.0 级无功电能表:

① 10～100 MW 的发电机;

② 12 500 kVA 及以上的主变压器;

③ 电力系统内的联络线路和输配电线路;

④ 月平均用电量为 105～106 kW·h 的用户线路;

⑤ 根据供电部门对电能管理和合理计费有特殊要求的月平均用电量 105 kW·h 以下

的用户线路。

(3) 同步调相机或无功补偿装置应采用 2.0 级无功电能表。

(4) 厂用高压电源回路(包括厂用工作电源和备用电源)应采用 1.0 级无功电能表。

(5) 仅作为企业内部技术分析、考核而不计费的回路,可采用 2.0 级有功电能表和 3.0 级无功电能表。

(6) 最大需量电能表、电力定量器的准确度等级,可按所接入回路采用的电能表准确度等级确定。

(7) 互感器的准确度等级:

① 0.5 级有功电能表,应配用 0.2 级互感器;

② 1.0 级有功电能表和 2.0 级无功电能表,应配用 0.5 级互感器;

③ 2.0 级有功电能表和 3.0 级无功电能表,可配用 1.0 级互感器。

对于双向送、受电的回路,应分别计量送、受电量;对于有可能进相、滞相运行的同步调相机(发电机)或无功补偿装置,应分别计量进相、滞相运行时的无功电能。

跟我练:

三相有功电能表和无功电能表与仪用互感器的联合接线,如图 5-37 所示。

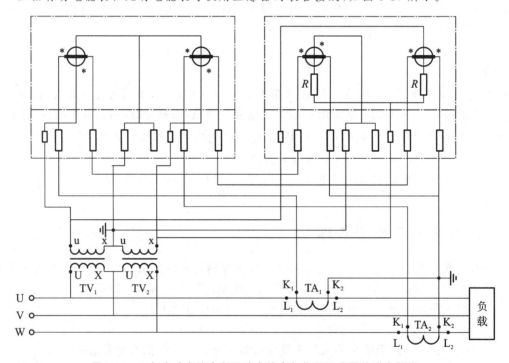

图 5-37　三相有功电能表和无功电能表与仪用互感器的联合接线

◀ 第十节　电能表的主要技术参数 ▶

1. 准确度

电能表的准确度用基本误差来表示。电能表的基本误差主要由传动部分的摩擦以及电流元件的电流与磁通之间存在的非线性关系所引起。此外,外界工作条件的变化还会产生一定的附加误差。

国家标准规定,有功电能表分为 0.5 级、1.0 级和 2.0 级三种。在额定电压、额定电流、额定频率及 $\cos\varphi=1$ 的条件下,1.0 级的三相电能表工作 5000 h,其他等级的电能表工作 3000 h 后,其基本误差仍应符合原来准确度等级的要求。

2. 灵敏度

电能表在额定电压、额定频率及 $\cos\varphi=1$ 的条件下,负载电流从零增加至铝盘开始转动时的最小电流与额定电流的百分比,称为电能表的灵敏度。按规定,这个电流不能大于额定电流的 0.5%。例如,额定电流为 10 A 的 2.0 级电能表,铝盘开始转动的电流应不大于 0.05 A,在 220 V 线路上其功率约为 11 W。

3. 潜动

潜动是指负载电流为零时,电能表铝盘仍轻微转动的现象。按照规定,当负载电流为零,而电压为额定电压的 80%～110% 时,铝盘的转动不应超过一整圈。

为了消除潜动现象,一般电能表中都采用防潜动装置。在电压线圈内塞入一止动铁片,并使铁片伸出端指向转轴方向。在铝盘转轴上固定缠绕一钢制防潜针。当电压线圈通电时,止动铁片就变成一个带磁性的小磁铁,防潜针随转轴转到止动铁片附近时,就会被磁化并吸引。适当调整止动铁片和防潜针的距离,便可消除潜动现象。由于止动铁片和防潜针之间的吸力很小,所以,对电能表的正常工作不会造成影响。

【思考与练习】

5-1 电能表是一种什么仪表?有哪些类型的电能表?

5-2 分别说出下列型号各是什么电能表:DD1 型、DS5 型、DX2 型、DX13 型、DT1862型、DDB7 型及 DJ1 型。

5-3 感应系单相电能表由哪几个基本部分组成?

5-4 感应系电能表中有哪几种磁通?

5-5 电能表的转盘为什么会转动?它的转数与被测电量之间有什么关系?

5-6 如何正确选择单相电能表?

5-7 试分别画出单相电能表直接接入和经电流互感器接入被测电路的接线图。

5-8 若将单相电能表的电流线圈接反,会产生什么后果?

5-9 三相四线有功电能表的结构如何?

5-10 画出三相四线有功电能表直接接入被测电路的接线图。

5-11 三相三线有功电能表的结构如何?

5-12 画出三相三线有功电能表直接接入被测电路的接线图。

5-13 采用附加电流线圈的三相无功电能表在结构上有什么特点?

5-14 画出采用附加电流线圈的三相无功电能表直接接入被测电路的接线图。

第六章

转速与频率的测量

在相等时间间隔内重复发生的现象称为周期现象,该时间间隔称为周期。在单位时间内周期性过程重复、循环或振动的次数称为频率,用周期的倒数来表示,单位为赫兹（Hz）。频率和周期互为倒数,是最基本的参量之一。电子计数器可以用来测量频率、周期、时间等量,通过扩展还可以构成频率计、相位计,是电子测量三大仪器之一。

工业生产中经常需要关注转速问题,转速是标志设备运转是否正常的重要指标,实时地监测转速,对了解设备的运行、提高产品的质量和生产效率有重要意义。转速测量方法较多,而模拟量的采集和模拟处理一直是转速测量的主要方法。

◀ 第一节　频率测量与仪器 ▶

一、频率测量

测量频率的方法有很多,按照其工作原理分为无源测频法、比较法、示波器法和计数法等。无源测频法又称为直读法,是利用电路的频率响应特性来测量频率的;比较法是利用已知的参考频率同被测频率进行比较而测得被测信号的频率;计数法在实质上属于比较法,其中最常用的方法是电子计数器法。电子计数器是一种最常见、最基本的数字化测量仪器。

1. 无源测频法

无源测频法主要包括谐振法、电桥法和频率-电压变换法等方法。

1）谐振法

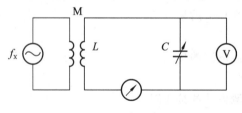

图 6-1　谐振法测频基本原理

图 6-1 所示为谐振法测频基本原理。

被测信号经互感器 M 与 LC 串联谐振回路进行松耦合,改变可变电容器 C,使回路发生串联谐振。谐振时回路电流 I 达到最大。被测频率 f_X 可用下式计算

$$f_X = f_0 = \frac{1}{2\pi\sqrt{LC}} \tag{6-1}$$

式中,f_0 为谐振回路的谐振频率,L、C 分别为谐振回路谐振电感和谐振电容。

一般情况下,L 是预先设定的,可变电容采用标准电容。为了使用方便,可根据式（6-1）预先绘制配用相应电感的 f_X-C 曲线,或 f_X-θ（θ 为 C 的旋转角度）曲线。测量时,调节标准电容使回路谐振,可从曲线上直接查出被测频率。

2）电桥法

凡是平衡条件与频率有关的任何电桥都可用来测频，但要求电桥的频率特性尽可能尖锐。测频电桥的种类有很多，常用的有文氏电桥、谐振电桥和双 T 电桥。文氏电桥测频原理图如图 6-2 所示。

$$f_X = \frac{1}{2\pi \sqrt{R_1 R_2 C_1 C_2}}$$

3）频率–电压变换法

频率–电压变换法测频就是先把频率变换为电压或电流，然后以频率刻度的电压表或电流表来指示被测频率。

图 6-3（a）为频率－电压变换法测正弦波频率原理框图。首先把正弦信号 $U_X(t)$ 变换为频率与之相等的尖脉冲 $u_A(t)$，然后加至单稳多谐振荡器，产生频率为 f_X、宽度为 τ、幅度为 U_m 的矩形脉冲列 $u_B(t)$，如图 6-3（b）所示，经推导得知

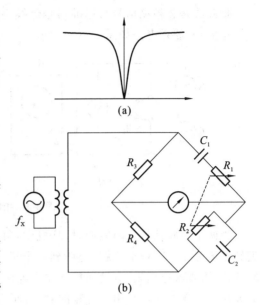

图 6-2　文氏电桥测频原理图

$$U_o = \frac{1}{T_X}\int_0^{T_X} u_B(t)\,\mathrm{d}t = U_m \tau f_X \tag{6-2}$$

可见，当 U_m、τ 一定时，U_o 指示就构成频率–电压变换型直读式频率计，电压表直接按频率刻度。该频率计最高频率可达几兆赫。

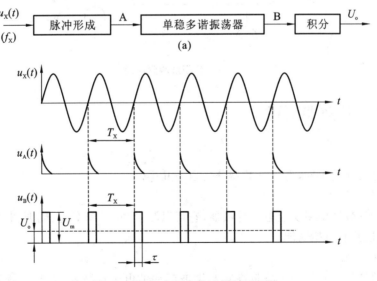

图 6-3　频率-电压变换法测频原理图

2. 比较法

有源比较测频法主要包括拍频法和差频法。

1) 拍频法

拍频法是将被测信号与标准信号经线性元件（如耳机、电压表）直接进行叠加来实现频率测量的，其原理电路如图 6-4（a）所示。

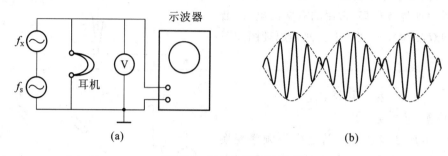

图 6-4　拍频法测频原理

当两个音频信号逐渐靠近时，耳机中可以听到两个高低不同的音调。当这两个频率靠近到差值为 4～6 Hz 时，就只能听到一个近于单一音调的声音，这时，声音的响度做周期性的变化，再观察电压表，会发现指针在有规律地来回摆动，示波器上则可得到图 6-4（b）所示的波形。拍频法通常只用于音频的测量，而不宜用于高频测量。

2) 差频法

高频段测频常用差频法。差频法是利用非线性器件和标准信号对被测信号进行差频变换来实现频率测量的，其工作原理如图 6-5 所示。f_S 和 f_x 两个信号经混频器混频和滤波器滤波后输出二者的差频信号，该差频信号落在音频信号范围内，调节标准信号频率，当耳机中听不到声音时，表明两个信号频率近似相等。

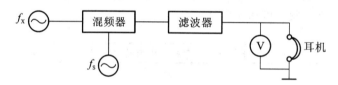

图 6-5　差频法测频原理

二、电子计数器概述

1. 分类

按其测试功能的不同，电子计数器分为以下几类。

1) 通用电子计数器

通用电子计数器即多功能电子计数器，它可以测量频率、频率比、周期、时间间隔及累加计数等，通常还具有自检功能。

2) 频率计数器

频率计数器是指专门用于测量高频和微波频率的电子计数器，它具有较宽的频率测量范围。

3) 计算计数器

计算计数器是指一种带有微处理器，具有进行数学运算、求解复杂方程式等功能的电子计数器。

4）特种计数器

特种计数器是指具有特殊功能的电子计数器，如可逆计数器、预置计数器、程序计数器和差值计数器等，它们主要用于工业生产自动化，尤其在自动控制和自动测量方面。

本章主要讨论通用电子计数器。

2．基本组成

图 6-6 所示为通用电子计数器的组成框图，主要由输入通道、计数显示电路、标准时间产生电路和逻辑控制电路组成。

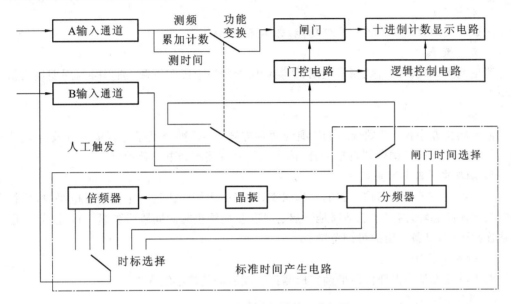

图 6-6　通用电子计数器的组成框图

1）输入通道

输入通道即输入电路，其作用是接收被测信号，并对被测信号进行放大整形，然后送入闸门（即主门或信号门）。输入通道通常包括 A、B 两个独立的单元电路。

A 通道是计数脉冲信号的通道。它对输入信号进行放大整形、变换，输出计数脉冲信号。计数脉冲信号经过闸门进入十进制计数器，是十进制计数器的触发脉冲源。

B 通道是闸门时间信号的通道，用于控制闸门的开启和关闭。输入信号经整形后用来触发门控电路（双稳态触发器）使其状态翻转，以一个脉冲开启闸门，而以随后的一个脉冲关闭闸门，两脉冲的时间间隔为闸门时间。在此期间，十进制计数器对经过 A 通道的计数脉冲进行计数。为保证信号能够在一定的电平时触发，输入端可以对输入信号的电平进行连续调节，并且可以任意选择所需的触发脉冲极性。

有的通用电子计数器闸门时间信号通道有 B、C 两个通道。B 通道用作门控电路的启动通道，使门控电路状态翻转；C 通道用作门控电路停止通道，使其复原。

2）计数显示电路

计数显示电路是一个十进制计数显示电路，用于对通过闸门的脉冲（即计数脉冲）进行计数，并以十进制方式显示计数结果。

3）标准时间产生电路

标准时间信号由石英晶体振荡器提供，作为电子计数器的内部时间基准。测量周期（测周)时,标准时间信号经过放大整形和倍频(或分频),用作测量周期或时间的计数脉冲,称为时标信号;测频时,标准时间信号经过放大整形和一系列分频,用作控制门控电路的时基信号,时基信号经过门控电路形成门控信号。

4)逻辑控制电路

逻辑控制电路产生各种控制信号,用于控制电子计数器各单元电路的协调工作。每一次测量的工作程序一般是:准备—计数—显示—复零—准备下次测量等。

3. 主要技术指标

1)测试功能

测试功能即仪器所具备的测试功能,如测频、测周等。

2)测量范围

测量范围即仪器的有效测量范围,如测频时的频率上限和下限,测周时的周期最大值和最小值。

3)输入耦合方式

输入耦合方式有 AC 耦合和 DC 耦合两种方式。AC 耦合是指选择输入端交流成分加到电子计数器上;DC 耦合即直接耦合,输入端信号直接加到电子计数器上。

4)触发电平及其可调范围

B、C 通道用于控制门控电路的工作状态,只有被测信号达到一定的触发电平时,门控电路的状态才能翻转,闸门才能适时地开启、关闭,从而测出时间间隔等参量。因此,触发电平必须连续可调,具备一定的可调范围。

5)输入灵敏度

输入灵敏度是为保证仪器准确完成测试功能所需的最小输入电压。

6)最高输入电压

最高输入电压即允许输入的最大电压,超过该电压仪器不能正常工作,甚至损坏。

7)输入阻抗

输入阻抗包括输入电阻和输入电容。

8)测量准确度

测量准确度常用测量误差来表示。

9)闸门时间和时标

闸门时间和时标由标准时间产生电路产生的信号决定。可以提供的闸门时间和时标信号有多种。

10)显示及工作方式

(1)显示位数。显示位数是指可以显示的数字位数。

(2)显示时间。显示时间是指两次测量之间显示结果的时间,一般可调。

(3)显示器件。显示器件是指显示测量结果或测量状态的器件,如数码管、发光管、液晶显示器等。

(4)显示方式。显示方式有记忆显示和非记忆显示两种方式。记忆显示只显示最终结果,不显示正在计数的过程,实际显示的数字是刚结束的一次测量结果,显示的数字保留至下一次计数过程结束时再刷新。非记忆显示可显示正在计数的过程。

11)输出

输出是指仪器可输出的时标信号种类、输出数码的编码方式及输出电平。

第二节 电子计数器频率和时间测量原理及测量误差

一、通用电子计数器频率和时间测量原理

1. 测量频率

周期性信号在单位时间内重复的次数称为频率,即

$$f=N/T$$

式中,T 为时间,单位为 s;N 为在时间 T 内周期性信号的重复次数。

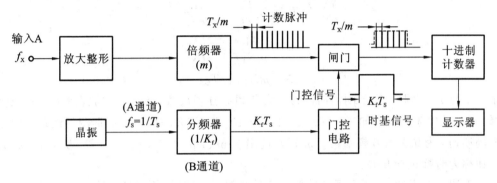

图 6-7 测频原理框图

电子计数器测频原理框图如图 6-7 所示。被测信号经过放大整形,形成重复频率为 mf_x 的计数脉冲,作为闸门的输入信号。门控电路的输出信号称为门控信号,控制着闸门的启闭,闸门开启时间等于分频器输出信号周期 K_fT_s。只有当闸门开启(图中假设门控信号为高电平)时,计数脉冲才能通过闸门进入十进制计数器去计数,设计数结果为 N,则存在关系

$$N\frac{T_x}{m}=\frac{N}{f_xm}=K_fT_s$$

$$f_x=\frac{N}{mK_fT_s}$$

$$N=mK_fT_sf_x$$

式中,N 为闸门开启期间十进制计数器计出的计数脉冲个数;f_x 为被测信号频率,其倒数为周期 T_x;T_s 为晶振信号周期;m 为倍频次数;K_f 为分频次数,调节 K_f 的旋钮称为闸门时间选择(或时基选择)开关,与 T_s 的乘积等于闸门时间。

为了使 N 值能够直接表示 f_x,常取 $mK_fT_s=1$ ms、10 ms、0.1 s、1 s、10 s 等几种闸门时间。即当闸门时间为 1×10^n s(n 为整数),并且使闸门开启时间的改变与计数器显示屏上小数点位置的移动同步进行时,无须对计数结果进行换算,就可直接读出测量结果。

2. 测量周期

频率的倒数就是周期,电子计数器测量周期的原理与测频原理相似,其原理框图如图 6-8 所示。

门控电路由经放大整形、分频后的被测信号控制,计数脉冲是晶振信号经倍频后的时间标准信号(即时标信号)。存在关系

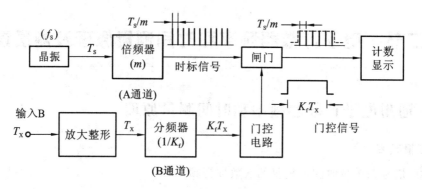

图 6-8　测周原理框图

$$K_f T_X = N \frac{T_S}{m} = N \frac{1}{m f_S}$$

$$T_X = N \frac{1}{m K_f f_S} = \frac{N T_S}{m K_f}$$

$$N = m K_f T_X / T_S$$

式中，T_X 与 K_f 的乘积等于闸门时间；K_f 为分频器分频次数，调节 K_f 的旋钮称为周期倍乘选择开关，通常选用 10^n，如 $\times 1$、$\times 10$、$\times 10^2$、$\times 10^3$ 等，该方法称为多周期测量法；T_S 为晶振信号周期，f_S 为晶振信号频率；T_S / m 通常选用 1 ms、1 μs、0.1 μs、10 ns 等，改变 T_S / m 大小的旋钮称为时标选择开关。

由上述分析得知，通用电子计数器无论是测频还是测周，其测量方法是依据闸门时间等于计数脉冲周期与闸门开启时通过的计数脉冲个数之积，然后根据被测量的定义进行推导计算而得出被测量。同样的道理，也可以据此来测量频率比、时间间隔、累加计数等。

3. 测量频率比

频率比即两个信号的频率之比，电子计数器测量频率比的原理框图如图 6-9 所示。其测量原理与测量频率的原理相似。不过此时有两个输入信号加到电子计数器输入端，如果 $f_A > f_B$，就将频率为 f_B 的信号经 B 通道输入，去控制闸门的启闭，假设该信号未经分频器分频，则闸门开启时间等于 $T_B（T_B = 1/f_B）$；而把频率为 f_A 的信号从 A 通道输入，假设该信号未经过倍频，设十进制计数器计数值为 N，则存在关系

$$T_B = N T_A$$

$$N = T_B / T_A = f_A / f_B$$

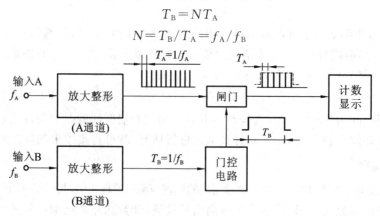

图 6-9　测量频率比的原理框图

为了提高测量准确度,可以采用类似多周期测量的方法,在 B 通道增加分频器,对 f_B 进行 K_f 次分频,使闸门开启时间扩展 K_f 倍。则有

$$K_f T_B = N T_A$$
$$f_A / f_B = T_B / T_A = N / K_f$$

当对 f_A 进行 m 次倍频,用 $m f_A$ 作为时标信号时,存在关系

$$K_f T_B = N T_A / m$$
$$f_A / f_B = N / (m K_f)$$

4. 累加计数

累加计数是指在限定时间内,对输入信号重复次数(即放大整形后的计数脉冲个数)进行累加。其测量原理与测频原理是相似的,不过此时门控电路改由人工控制。其原理框图如图 6-10 所示,当开关 S 打在"启动"位置时,闸门开启,计数脉冲进入计数器计数,当开关 S 打在"终止"位置时,闸门关闭,终止计数,累加计数结果由显示电路显示。

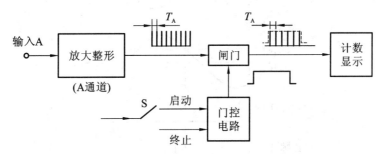

图 6-10 累加计数原理框图

5. 测量时间间隔

图 6-11 所示为测量时间间隔的原理框图,其测量原理与测量周期的原理相似,不过控制闸门启闭的是两个(或单个)输入信号在不同点产生的触发脉冲。触发脉冲的产生由触发器的触发电平与触发极性选择开关来决定。

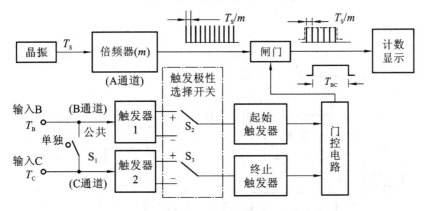

图 6-11 测量时间间隔的原理框图

当测量两个信号的时间间隔时,开关 S_1 处于"单独"位置,测量原理如图 6-12 所示。B 输入(设时间超前)产生起始触发脉冲用于开启闸门,使十进制计数器开始对时标信号进行计数;C 输入(设时间滞后)则产生终止触发脉冲以关闭闸门,停止计数。假设起始脉冲和终

止脉冲分别选择输入 B、C 正极性(即开关 S_2、S_3 置于"＋"处)、50％电平处产生,计数值为 N,则时间间隔 T_{BC} 存在以下关系

$$T_{BC} = N \frac{T_S}{m}$$

当测量脉冲信号的时间间隔如脉冲前沿 t_r、脉宽 τ 等参数时,将开关 S_1 置于"公共"位置,根据被测量的定义,调节触发器 1、2 的触发电平和触发极性,选择合适的时标信号,即可测量。例如测量脉宽 τ,根据脉宽定义,调节触发器 1、2 的触发电平均为 50％,分别调节触发极性选择 S_1 为"＋"、S_2 为"－"。闸门开启期间计数结果为 N,则

$$\tau = NT_S/m$$

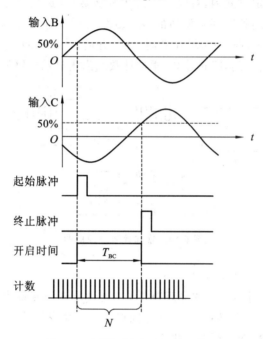

图 6-12 测量时间间隔原理示意图

6. 自检(自校)

大多数电子计数器具有自检(即自校)功能,它可以检查仪器自身的逻辑功能以及电路的工作是否正常,其原理框图如图 6-13 所示。

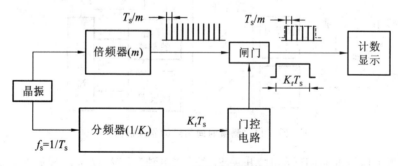

图 6-13 自检原理框图

由图可见,自检原理与测量频率的原理相似,不过自检时的计数脉冲不再是被测信号而

是晶振信号经倍频后产生的时标信号。显然,只要满足关系

$$NT_s/m = K_f T_s$$

或

$$N = mK_f \pm 1$$

则说明电子计数器及其电路等工作正常,之所以出现±1是因为计数器中存在量化误差。

二、电子计数器的测量误差

1. 测量误差的来源

电子计数器的测量误差来源主要包括量化误差、触发误差和标准频率误差。

1) 量化误差

量化误差是在将模拟量变换为数字量的量化过程中产生的误差,是数字化仪器所特有的误差,是不可消除的误差。它是由于电子计数器闸门的开启与计数脉冲的输入在时间上的不确定性,即相位随机性而产生的误差。如图 6-14 所示,虽然闸门开启时间均为 T,但因为闸门开启时刻不一样,计数值一个为 9 另一个却为 8,两个计数值相差 1 个字。

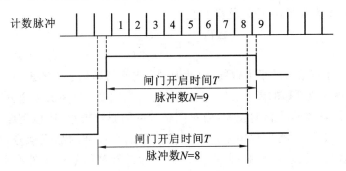

图 6-14　量化误差产生示意图

量化误差的特点是:无论计数值 N 为多少,每次的计数值总是相差±1,即 $\Delta N = \pm 1$。因此,量化误差又称为±1 误差或±1 字误差。又因为量化误差是在十进制计数器的计数过程中产生的,故又称为计数误差。

量化误差的相对误差为

$$\gamma_N = \frac{\Delta N}{N} = \pm \frac{1}{N}$$

2) 触发误差

触发误差又称为变换误差。被测信号在整形过程中,由于整形电路本身触发电平的抖动或者被测信号叠加有噪声和各种干扰信号等原因,使得整形后的脉冲周期不等于被测信号的周期,由此而产生的误差称为触发误差。

如图 6-15 所示,电子计数器测量周期时,被测信号控制门控电路的工作状态而产生门控信号。门控电路一般采用施密特电路,当被测信号达到施密特电路触发电平 V_B 时(即 A_1 点),门控信号控制闸门打开,当被测信号经过一个周期(设被测信号未被分频)再次达到施密特电路触发电平 V_B 时(即 A_2 点),门控信号控制闸门关闭。显然,当无噪声和干扰信号的理想情况下,闸门开启时间就等于被测信号的周期 T_x。但叠加有噪声或干扰信号时,如

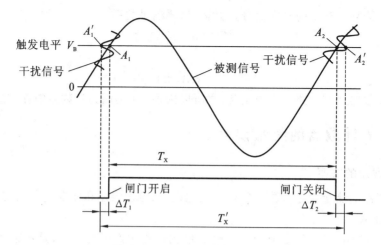

图 6-15　触发误差产生示意图

图所示,闸门在 A_1' 就打开,而在 A_2' 时才关闭,闸门的开启时间变为 T_X' ,显然不等于被测信号的周期,这样就产生了触发误差。

经推导得知,触发误差的相对误差等于

$$\frac{\Delta T_X}{T_X} = \pm \frac{U_n}{\sqrt{2}\pi K_f U_m} \tag{6-3}$$

式中,U_n 为噪声或干扰信号的最大幅度,包括因触发电平抖动而产生的影响,一般情况下,可以不考虑触发电平抖动或漂移的影响;U_m 为被测信号电压幅度;K_f 为 B 通道分频器分频次数。

触发误差对测量周期的影响较大,而对测量频率的影响较小,所以测频时一般不考虑触发误差的影响。这是因为测频时用来产生门控信号的是标准的晶振信号,叠加的干扰信号很小,故可以忽略触发误差的影响;而产生计数脉冲的被测信号中虽然有干扰信号,但不影响对计数脉冲的计数,故不产生触发误差。

为了减小测周时触发误差的影响,除了尽量提高被测信号的信噪比外,还可以采用多周期测量法测量周期,即增大 B 通道分频器分频次数。

3）标准频率误差

标准频率误差 $\Delta f_S / f_S$ 是指由于晶振信号的不稳定等原因而产生的误差。测频时,晶振信号用来产生门控信号(即时基信号),标准频率误差称为时基误差;测周时,晶振信号用来产生时标信号,标准频率误差称为时标误差。一般情况下,由于标准频率误差较小,不予考虑。

2. 测量误差的分析

上述测量误差中,对频率测量影响最大的是量化误差,其他误差一般不予考虑。周期测量则主要受量化误差和触发误差的影响。下面对测频和测周误差进行分析。

1）测频误差

经过推导得知,测频量化误差

$$\frac{\Delta f_X}{f_X} = \pm \frac{1}{N} = \pm \frac{1}{m K_f T_S f_X}$$

由此可见,要减小量化误差对测频的影响,应设法增大计数值 N 。即在 A 通道中选用倍频次数 m 较大的倍频器,亦即选用短时标信号;在 B 通道中增大分频次数 K_f ,亦即延长闸门时间。该方法可以直接测量高频信号的频率,否则,测出周期后再进行换算则属于间接测量法,这是由测周误差的特性所决定的。

2)测周误差

(1)量化误差。经过推导得知,测周量化误差

$$\frac{\Delta T_X}{T_X} = \frac{\Delta N}{N} = \pm \frac{1}{mK_f f_s T_X}$$

由此可见,要减小测周量化误差,应设法增大计数值 N。即在 A 通道中选用倍频次数 m 较大的倍频器,亦即选用短时标信号;在 B 通道中增大分频次数 K_f,亦即延长闸门时间。该方法称为多周期测量法,可以直接测量低频信号的周期,否则,测出频率后再进行换算则属于间接测量法。除此之外,人们还常采用游标法、内插法等方法来减小测量误差。

所谓的高频或低频是相对于电子计数器的中界频率而言的。中界频率是指采用测频和测周两种方法进行测量,产生大小相等的量化误差时的被测信号的频率。

(2)测周触发误差。减小测周触发误差的方法如式(6-3)结论所述,不再赘述。

综上所述,多周期测量法以及提高信噪比、选用短时标信号等方法,可以减小测量周期的误差。

三、通用电子计数器实例

NFC-100 型多功能电子计数器是一种采用大规模集成电路的通用电子计数器,能够在适当的逻辑控制下完成频率和时间等的测量。

1. 技术指标

(1)测试功能。具有测频、测周、累加计数、自检等功能。

(2)测量范围。测频范围:0.1 Hz~100 MHz。测周范围:0.4 μs~10 s。累加计数范围:$1\sim 10^8$。

(3)输入特性。输入耦合方式:AC 耦合。输入电压范围:30 mV~10 V,但不同量程的范围不同。输入阻抗:$R_i \geqslant 1$ MΩ;$C_i \leqslant 30$ pF。

(4)闸门时间。闸门时间为 10 ms、0.1 s、1 s、10 s。

(5)时标(晶振)。时标为 0.1 μs。

(6)显示位数及显示器件。显示位数及显示器件为:8 位 LED。

(7)输出。输出频率:10 MHz。输出电压:大于或等于 $1V_{P-P}$;输出波形:正弦波。

2. 工作原理

NFC-100 型通用电子计数器组成框图如图 6-16 所示,主要由输入通道、预定标分频器、主机测量单元、晶振和电源等部分组成。

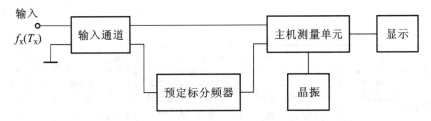

图 6-16 NFC-100 型通用电子计数器组成框图

主机测量单元直接计数频率为 10 MHz,在输入频率高于 10 MHz 的信号时,需要经过预定标分频器除以 10 后,送入主机测量单元。

周期测量、累加计数测量时,输入信号经输入通道放大整形后,直接进入主机测量单元,预定标分频器不起作用。

主机测量单元逻辑框图如图 6-17 所示,它由一块大规模集成电路 ICM7226B 等组成。ICM7226B 内包含多位计数器、寄存器电路、时基电路、逻辑控制电路以及显示译码驱动电路、溢出和消隐电路,可直接驱动外接的共阴极 LED 显示数码管,以扫描方式显示测量结果。

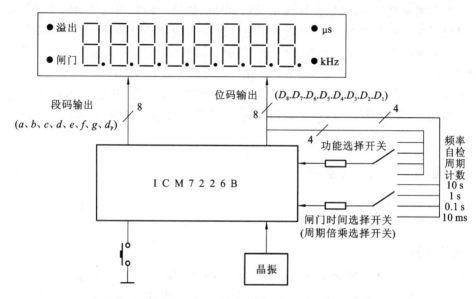

图 6-17 NFC-100 型通用电子计数器主机测量单元逻辑框图

当 ICM7226B 功能输入端和闸门时间输入端分别接入不同的扫描位脉冲信号时,其测量逻辑功能发生变化,分别完成"频率""周期""计数""自检"等功能。闸门时间在时标信号频率为 10 MHz 时为 10 ms、0.1 s、1 s、10 s,在其他时标时,闸门时间将随之做相应变化。

3. 电子计数器的使用及注意事项

NFC-100 型通用电子计数器的前面板如图 6-18 所示。

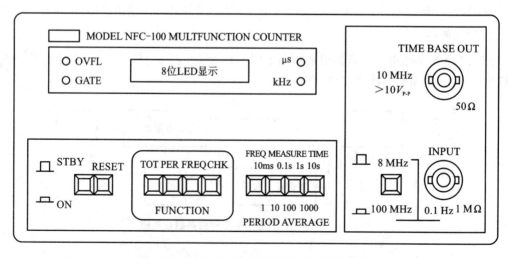

图 6-18 NFC-100 型通用电子计数器前面板图

"FUNCTION"（功能键）包括"TOT"（累加计数）、"PER"（周期）、"FREQ"（频率）、"CHK"（自检）四个按键,每个按键对应一种测量功能;功能键右边的四个按键在测量频率、周期时,分别称为"FREQ MEASURE TIME"（时基）、"PERIOD AVERAGE"（周期倍乘）选择开关,用于选择频率测量时间和周期倍乘,它们与被测量的范围配合使用。

使用注意事项:

（1）按照要求接入正确的电源;

（2）在使用电子计数器进行测量之前,应对仪器进行"自检",以初步判断仪器工作是否正常;

（3）被测信号的大小必须在电子计数器允许的范围内,否则,输入信号太小测不出被测量,输入信号太大有可能损坏仪器;

（4）当"OVFL"（溢出）指示灯亮时,表明测量结果显示有溢出,不能漏记数字;

（5）在允许的情况下,尽可能使显示结果精确些,即所选闸门时间应长一些;

（6）在测量频率时,如果选用闸门时间为 10 s 时,"GATE"（闸门或采样）指示灯熄灭前显示的数值是前次的测量结果,并非本次测量结果,记录数据时务必等采样指示灯变暗后进行。

◀ 第三节　转速测量 ▶

转速是能源设备与动力机械性能测试中一个重要的特性参量,因为动力机械的许多特性参数是根据它们与转速的函数关系来确定的,例如压缩机的排气量、轴功率、内燃机的输出功率等,而且动力机械的振动、管道气流脉动、各种工作零件的磨损状态等都与转速密切相关。

转速测量的方法有很多,测量仪表也多种多样,其使用条件和测量精度也各不相同,根据转速测量的工作方式可分为两大类:接触式转速表与非接触式转速表。前者在使用时必须与被测转轴直接接触,如机械式转速表、磁性转速表及测速发电机等;后者在使用时不必与被测转轴接触,如电子数字转速仪、闪光测速仪等。依照显示方式又可分为模拟式测量仪表和数字式测量仪表。

一、接触式转速表

1. 机械式转速表

常用的机械式转速表有离心式和钟表式两种。离心式转速表是利用旋转质量 m 所产生的离心力 F 与旋转角速度成比例的原理而制成的测量仪表。测量时转轴随被测轴一起旋转,m 所产生的离心力 F 的大小由下式决定

$$F = mr\omega^2 = mr\left(\frac{2\pi n}{60}\right)^2$$

机械式转速表的测速范围为 30～20 000 r/min,测量误差为 ±1%。使用中,只要将转速表转轴顶在被测轴旋面上靠摩擦力的带动便可工作,直接读出轴转速,这是很方便的。

1）离心式转速表

离心式转速表主要由机芯、变速器和指示器三部分组成。如图 6-19 所示,重锤利用连

杆与活动套环及固定套环连接,固定套环装在离心器轴上,离心器通过变速器从输入轴获得转速。另外还有传动扇形齿轮、游丝、指针等装置。为使转速表与被测轴能够可靠接触,转速表都配有不同的接头,使用时可根据被测对象选择合适的接头安装在转速表输入轴上。

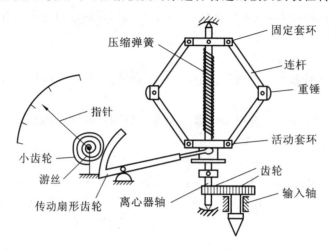

图 6-19　离心式转速表原理

离心式转速表是利用旋转质量的离心力同旋转角速度(即转速)成比例的原理制成的。一个质量较大的重锤安装在旋转轴(即离心器轴)上,并可随轴一同旋转。当轴旋转时,重锤随着轴旋转的同时,在离心力的作用下向垂直于轴的方向偏转,增大了其与轴的夹角,直到压缩弹簧产生的恢复力使离心力重新得到平衡为止。重锤所在平面同旋转轴夹角的变化通过连杆、传动扇形齿轮、小齿轮传递给指针,驱动指针偏转。由于标度尺是以转速进行刻度的,而夹角与转速的平方成正比,所以表盘上的刻度是不均匀的。

离心式转速表结构简单,使用方便,价格便宜,能测量柴油机的瞬时转速,并具有较高的稳定性。但其精度较低,一般为 1~2 级,相对误差一般在 1%~8% 范围内,而且不能连续使用。由于它的测量方法为接触式,在测量中会消耗轴的部分功率,因而使用范围受到一定的限制。

离心式转速表有手持式和固定式两种。手持离心式转速表在结构上还有一套小传动齿轮箱,其作用是扩大量程。通过不同的齿轮组合,使转速的测量范围分成 5 挡,可以在 30~24 000 r/min 的测量范围内进行测量,如表 6-1 所示,并有多种形式规格的接头以供使用。

表 6-1　手持离心式转速表测量范围

量程分挡	型号及测量范围/(r/min)		
	LZ-30	LZ-45	LZ-60
Ⅰ	30~120	45~180	60~240
Ⅱ	100~400	150~600	200~800
Ⅲ	300~1200	450~1800	600~2400
Ⅳ	1000~4000	1500~6000	2000~8000
Ⅴ	3000~12 000	4500~18 000	6000~24 000

手持离心式转速表的主要技术指标如下。

使用条件:转速表在环境温度为−20~45 ℃范围内正常工作。

基本误差:转速表在温度为(20±2)℃的环境中,基本误差为测量上限值的±1%。

温度影响:当温度从(20±2)℃变化到−20~45 ℃时,转速表的温度附加误差不超过基本误差限的绝对值。

用手持离心式转速表测量转速时,应注意以下事项。

(1) 转速表在使用前应加润滑油(钟表油),可以从外壳和调速盘上的油孔注入。

(2) 不能用低速挡测量高转速,应根据被测轴的转速来选择调速盘的挡位。

(3) 转速表轴上的接头与被测转轴接触时,应使两轴心对准,同时尽动作要缓慢,以两轴接触时不产生相对滑动为准,同时尽量使两轴保持在一条直线上。

(4) 若调速盘的位置在Ⅰ、Ⅲ、Ⅴ挡,则测得的转速应为分度盘外圈数值再分别乘以10、100、1000;若调速盘的位置在Ⅱ、Ⅳ挡,测得的转速应为分度盘内圈数值再分别乘以10、100。

(5) 指针偏转方向与被测轴旋转方向无关。

(6) 转速表使用完毕后应擦拭干净,放置在阳光不能直接照射的地方,远离热源,注意防潮防腐蚀。

2）钟表式转速表

钟表式转速表的工作原理是利用在一定时间间隔内,如6 s,3 s等,记录下旋转轴转过的圈数来测量转速。它所测的是某段时间内的平均转速值,这种转速表的最高测量转速可达10 000 r/min,测量精度为±0.5%。它的使用方法同离心式转速表的相同。

机械式转速表体积小,价格便宜,又能保证一定的测量精度,故应用比较广泛,但由于它的测量方式为接触式,在测量中会消耗轴的部分功率,因而使用范围受到一定限制。

2. 磁性转速表

磁性转速表是根据电磁感应原理制成的。如图 6-20 所示,它是利用回转圆盘(铝盘)在旋转磁场中由于感应出涡流而产生的扭矩带动指针偏转来测量转速的,又称为电涡流式转速表。磁性转速表的旋转部分由永久磁铁和铁芯组成,在磁铁和铁芯之间形成强磁场的环形间隙。在间隙中安装有铝或铜制成的杯形圆盘作为敏感元件,当磁铁和铁芯随转速表轴一起旋转时,圆盘便做切割磁力线运动,因此产生感应电流。电流受到由永久磁铁所产生的磁场的作用,使圆盘产生一个旋转力矩,圆盘在旋转力矩作用下,沿永久磁铁的旋转方向而偏转,其偏转角的大小与轴的转速成正比。当旋转力矩被游丝所产生的反作用力矩平衡时,指针便指示出相应的转速。

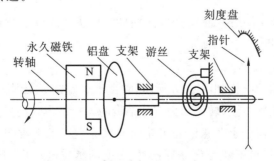

图 6-20　磁性转速表原理

磁性转速表的应用较广,结构简单,尺寸小,刻度均匀,测速范围较大,其相对误差为1.5%～2.0%,其主要的缺点是灵敏度差,测量精度容易受温度的影响。

二、非接触式转速表

非接触式转速表结构复杂,但精度较高,多用于无法进行接触测速和能量损失对测量结果有影响的场所。主要有闪光测速仪和电子数字转速表两种。

电子数字转速表是电子数字显示技术在转速测量上的应用。测量精度高,指示部分可以直接进行数字显示,还可以输出数字信息,当与打印机和计算机配套使用时,可实现转速的自动记录和数据处理。电子数字转速表具有体积小、重量轻、读数准确、使用方便、可遥测、可连续反映转速变化等优点。

电子数字转速表是一种非接触式转速测量系统,它由三个主要部分构成,图 6-21 中的测速传感器首先将被测转速信号转变为某种电脉冲信号,再经信号处理器将这些电信号放大整形为规范的脉冲信号,最后由数字频率计读出。

图 6-21　电子数字转速表组成框图

测速传感器按其作用原理可分为光电式、磁电式、电容式、霍尔元件等几种。下面介绍常用的磁电式、光电式两种传感器。

1. 磁电式测速传感器

将被测机械量转换为与之对应的感应电动势的变换器称为磁电式变换器或磁电式传感器。它是根据导体在磁场中运动产生感应电动势的原理制成的。由电磁感应定律可知,W 匝线圈中产生的感应电动势 e 为

$$e=-W\frac{\mathrm{d}\Phi}{\mathrm{d}t}$$

式中,$\dfrac{\mathrm{d}\Phi}{\mathrm{d}t}$为线圈中磁通 Φ 的变化率。

1) 磁电式传感器的两种基本形式

(1) 在被测机械量的作用下,线圈和磁铁间产生相对运动,从而在线圈中产生感应电动势,如图 6-22(a)所示。

(2) 在被测机械量的作用下,改变磁路中的磁阻,从而改变穿过线圈的磁通量,在线圈中产生感应电动势,如图 6-22(b)所示。

2) 磁电式测速传感器的测量原理

磁电式测速传感器的结构如图 6-23 所示,它由永久磁铁 3、线圈 5 和转子 2(含 z 个齿)组成。转子 2 装在被测轴 1 上,转子 2 为有 z 个齿的齿轮。当轴旋转时,由永久磁铁、气隙、转子组成磁路的磁阻。由于永久磁铁和齿轮间的气隙大小不断改变,磁路的磁阻也随之变化,检测线圈 4 中的磁通也不断变化,从而产生交变的感应电动势,形成与轴的转速相对应的电信号,电信号频率正比于被测轴的转速 n,即

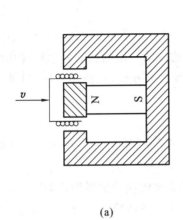

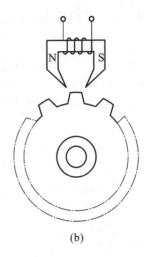

(a)　　　　　　　　　　　(b)

图 6-22　磁电式传感器的两种工作方式

$$f = \frac{nz}{60}$$

式中, z 为转子的齿数。

3）磁电式测速传感器的特点

磁电式测速传感器能直接测量角速度,输出功率较大,配用电路较简单,并可远距离传递;结构简单,工作可靠,性能稳定;工作频率一般为 5～500 Hz。缺点是传感器必须靠近被测轴,被测转速不能过低,否则,所感应出的信号太弱;另外,不同于光电式测速传感器,磁电式测速传感器多少会对被测轴施加一定的阻力矩,故不适于小轴径、低输出扭矩的高转速轴的

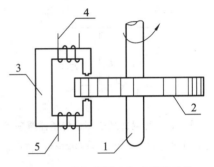

图 6-23　磁电式测速传感器的结构
1—被测轴;2—转子;3—永久磁铁;
4—检测线圈;5—线圈

转速测量,不适于在下限频率范围窄、高温及强磁场的环境中工作。

转速测量中应该注意的一点是,转子齿轮的外齿一定要用导磁材料制成,对于非导磁材料转子,可以在上面装贴钢片来使传感器输出电动势信号。

2. 光电式测速传感器

光电式传感器(有时也称为光电式变换器)是利用某些金属或半导体物质的光电效应制成的。当具有一定能量的光子投射到这些物质的表面时,具有辐射能量的微粒将透过受光物质的表面层,赋予这些物质的电子以附加能量,或者改变物质的电阻大小,或者产生电动势,从而实现光电转换。在转速测量系统中,常采用的光电式变换元件有光敏电阻、光电池、光敏三极管等。

光敏电阻:用光敏电阻制成的器件接入到电路中,当有光照射到光敏电阻上时,它的电阻值将降低,导致了电路参数的改变,因而电路对外有输出信号。

光电池:光电池是直接把光能转换为电能的元件。

光敏三极管:与普通的三极管相似,也有 E、B、C 三个极。但其基极 B 不接引线,而是封装了一个透光窗孔,当光线透过光孔照到发射极 E 和基极 B 之间的 PN 结上时,就能获得较大的集电极电流输出。而且输出电流的大小随光照强度的增强而增大,这就是光敏三极管的工作原理。

采用光电式传感器可构成光电式测速传感器,它通常分为直射式与反射式两种,它们二者均是由光源、光敏元件、放大整形电路几个部分构成的。国内已有测量转速用的光电式传感器的定型产品可供选用,其最大测速可达每分钟几十万转,且使用方便,对被测旋转体无干扰。

1) 直射式光电测速传感器

光电式测速传感器将被测的转速信号利用光电转换转变为与转速成正比的电脉冲信号,测得电脉冲信号的频率和周期,就可得到转速。

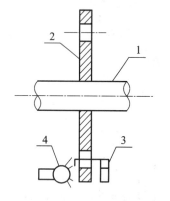

图 6-24 直射式光电测速传感器原理
1—被测轴;2—圆盘;3—硅光电池;4—光源

直射式光电测速传感器原理如图 6-24 所示,将圆盘 2 均匀开出 z 条狭缝,并装在欲测转速的轴 1 上,在圆盘的一边固定一光源 4,在圆盘另一边固定安装一硅光电池 3。硅光电池具有半导体的特性,它具有面积较大的 PN 结,当 PN 结受光照射时激发出电子、空穴,硅光电池 P 区出现多余的空穴,N 区出现多余的电子,从而形成电动势。只要把电极从 PN 结两端引出,便可获得电流信号。

当圆盘随轴旋转时,光源发出的光透过狭缝,硅光电池交替受光的照射,交替产生电动势,从而形成脉冲电流信号。硅光电池产生信号的强弱与光源功率的大小及光源和圆盘距离的远近有关,一般脉冲电流信号是足够强的。

脉冲电流的频率 f 取决于圆盘上的狭缝数 z 和被测轴的转速 n,即

$$f = \frac{nz}{60}$$

狭缝数 z 是已知的,如能测得电脉冲信号的频率,就等于测到了转速。

2) 反射式光电测速传感器

反射式光电测速传感器同样利用光电转换将转速转变为电脉冲信号。其原理如图 6-25 所示,它由光源 4,聚光镜 3、6、7,半透膜玻璃 2 及光敏元件 1 组成,被测轴的测量部位相间地粘贴反光材料和涂黑,以形成条纹形的强烈反射面。常用反光材料为专用测速反射纸带,也可用金属箔代替。光源 4 发出散射光,经聚光镜 6 折射形成平行光束,照射在斜置 45° 的半透膜玻璃 2 上,这时光将大部分反射,通过聚光镜 3 射在轴上,形成一光点。如射在反射面上,光线必将反射回来,并且反射光的大部分透射过半透膜玻璃经聚光镜 7 照射到光敏元件 1 上;反之,如果光射在轴的黑色条纹上,则被吸收,不再反射到光敏元件上。光敏元件感光后会产生一电脉冲信号。随着轴的转动,光不断照在反射面和非反射面上,光敏元件交替受光而产生具有一定频率的电脉冲信号。

设轴上贴 z 条反光材料,则电脉冲信号频率为

$$f = \frac{nz}{60}$$

测得电脉冲信号的频率,就可得到转速。

用手持光电式(反射式)转速表(见图 6-26)测量转速时的具体操作步骤如下。

(1) 向待测物体上贴一个反光材料,功能选择开关拨至"RPM"挡。应注意非反射面积必须比反射面积要大。如果转轴明显反光,则必须先涂以黑漆或黑胶布,再在上面贴上反光材料。在贴上反光材料之前,转轴表面必须干净与平滑。

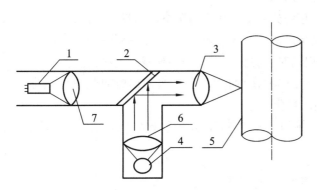 

图 6-25　反射式光电测速传感器原理　　　　图 6-26　手持光电式(反射式)转速表

1—光敏元件;2—半透膜玻璃;3、6、7—聚光镜;4—光源;5—被测轴

(2) 装好电池后按下测量按钮,使可见光束照射在被测目标上(贴好反光材料的部位),与被测目标成一条直线,开始测量。

(3) 待显示值稳定后,释放测量按钮。此时显示屏无任何显示,但测量结果已经自动存储在仪表中,测量结束。

(4) 按下"MEM"记忆键,即可显示出所测转速的最大值、最小值及最后测量值。

(5) 使用完毕取出电池,放置在阳光不能直接照射的地方,远离热源,注意防潮防腐蚀。

光电式测速传感器的特点是:输出信号稳定,性能稳定,使用方便,对被测轴无干扰;抗污染能力较差,不适宜在较脏的环境下工作。国内已有测量转速用的光电式传感器产品可供选用,其最大测速可达每分钟几十万转。

三、转速的计算

若用磁电式测速传感器测速时齿轮齿数为任意量,或用光电式测速传感器测速时圆盘开的狭缝数或反光材料条数为任意量,频率计的测量时间也为任意量,则可以给出被测轴转速的一般式

$$n = \frac{60N}{mt}$$

式中,n 为被测轴转速,r/min;m 为被测轴每转一圈由传感器发出的信号个数;t 为频率计测量信号的时间间隔,s;N 为在时间间隔 t 内频率计所显示出的信号个数。

同时,对于输出的电脉冲信号,其频率 f 与齿数或狭缝数、反光材料条数的关系为

$$f = (n \times z)/60$$

式中,z 为齿数或狭缝数、反光材料条数。

若 z 为 60,则电脉冲信号频率即为转速大小。

【思考与练习】

6-1 通用电子计数器的测试功能有哪些？概括说明它的测量原理。

6-2 画出通用电子计数器测量频率、周期的原理框图，简述其基本原理，并说明二者的区别。

6-3 有哪几种无源测频法？其各自的工作原理是什么？

6-4 有哪几种有源比较测频法？它们分别适合什么情况下的测量？为什么？

6-5 通用电子计数器的基本组成是怎样的？各组成部分的作用是什么？

6-6 通用电子计数器测量频率、周期时存在哪些误差？如何减小这些误差？

6-7 用 7 位电子计数器测量 $f_x = 10$ MHz 的信号频率，当闸门时间置于 1 s、0.1 s、10 ms 时，试分别计算电子计数器测频的量化误差。

6-8 用电子计数器测量频率，已知闸门时间 T 和计数器的计数值 N 如表 6-2 所示，求各情况下的 f_x。

表 6-2 题 6-8 表

T	10 s	1 s	0.1 s	10 ms	1 ms
N	1 000 000	100 000	10 000	1000	100
f_x					

6-9 用电子计数器多周期法测量周期，已知被测信号周期为 50 μs，计数值为 100 000，内部时标信号频率为 1 MHz。保持电子计数器状态不变，测量另一未知信号，已知计数值为 15 000，求未知信号的周期是多少？

6-10 简述离心式转速表的组成和工作原理。

6-11 简述磁电式测速传感器的测量原理及特点。

6-12 比较直射式光电测速传感器和反射式光电测速传感器的优缺点。

第七章

电工维修基本常识

◀ 第一节 电工维修的顺序 ▶

1. 先动口后动手

对于一个存在故障的电气设备,不应急于动手,应先询问产生故障的前后经过及故障现象。特别是对于生疏的设备,还应先熟悉其电路原理和结构特点,遵守相应的操作规则。拆卸前,要充分熟悉每个电气部件的功能、位置、连接方式以及与周围其他器件的关系。在没有组装图的情况下,应该一边拆卸,一边画草图,并做标记。

2. 先外部后内部

应先检查设备外部有无明显裂痕、缺损,了解其维修史、使用年限等,然后再对机内进行检查。应排除外部的故障因素,确定为机内故障后才能拆卸,否则,盲目拆卸可能将设备越修越坏。

3. 先机械后电气

只有在确定机械零件无故障后,才能进行电气方面的检查。检查电路故障时,应利用检测仪器寻找故障部位,确认不是接触不良造成故障后,再有针对性地查看线路与机械的运作关系,以免误判。

4. 先静态后动态

在设备未通电时,判断电气设备按钮、接触器、热继电器以及熔断器的好坏,从而判定故障的所在。通电试验,听其声,测参数,判断故障,最后进行维修。如在检测电动机缺相时,若测量三相电压值无法判定,就应该听其声,单独测每相对地电压,方可判断哪一相缺损。

5. 先清洁后维修

对污染较重的电气设备,先对其按钮、接线柱、接触点进行清洁,检查外部控制键是否失灵。许多故障都是由脏污及导电尘埃造成的,一经清洁故障往往会得到排除。

6. 先电源后设备

电源部分的故障在整个设备故障中占的比例很高,所以先检修电源往往可以收到事半功倍的效果。

7. 先普遍后特殊

因装配配件质量或其他设备故障而引起的故障,一般占常见故障的50%左右。电气设备的特殊故障多为软故障,要靠经验和仪表来测量和维修。

8. 先外围后内部

先不要急于更换损坏的电气部件,在确认外围设备电路正常时,再考虑更换损坏的电气部件。

9. 先直流后交流

检修时,必须先检查直流回路静态工作点,再检查交流回路动态工作点。

10. 先故障后调试

对于调试和故障并存的电气设备,应先排除故障,再进行调试,调试必须在电气线路正常的前提下进行。

◀ 第二节　常见故障检查法 ▶

一、基本检查方法

1. 直观法

直观法是根据电气设备故障的外部表现,通过看、闻、听等手段,检查、判断故障的方法。

1) 检查步骤

调查情况:向操作者和故障在场人员询问情况,包括故障外部表现、大致部位、发生故障时的环境情况,如有无异常气体、明火,是否靠近热源,有无腐蚀性气体侵入,有无漏水,是否有人修理过及修理的内容等。

初步检查:根据调查的情况,看有关电器外部有无损坏,接线有无断路、松动,绝缘有无烧焦,螺旋熔断器的熔断指示器是否跳出,电器有无进水、油垢,开关位置是否正确等。

试车:通过初步检查,确认不会使故障进一步扩大和造成人身、设备事故后,可进一步试车检查,试车中要注意有无严重跳火、异常气味、异常声音等现象,一经发现应立即停车,切断电源。注意检查电器的温升及电器的动作程序是否符合电气设备原理图的要求,从而发现故障部位。

2) 检查方法

观察火花:电器的触点在闭合、分断电路或导线接头松动时会产生火花,因此可以根据火花的有无、大小等现象来检查电器故障。例如,发现正常紧固的导线与螺钉间有火花时,说明接头松动或接触不良。电器的触点在闭合、分断电路时跳火说明电路通,不跳火说明电路不通。控制电动机的接触器主触点两相有火花、一相没有火花时,表明无火花的一相触点接触不良或这一相电路断路;三相中两相的火花比正常的大,另一相的比正常的小,可初步判断为电动机相间短路或接地;三相火花都比正常的大,可能是电动机过载或机械部分卡住。在辅助电路中,接触器线圈电路通电后,衔铁不吸合,要分清是电路断路造成的还是接触器机械部分卡住造成的。可按一下启动按钮,如按钮常开触点闭合位置断开时有轻微的火花,说明电路通路,故障在接触器的机械部分;如触点间无火花,说明电路断路。

3) 动作程序

电器的动作程序应符合电器说明书和图纸的要求。如某一电路上的电器动作过早、过晚或不动作,说明该电路或电器有故障。还可以根据电器发出的声音、温度、压力、气味等分析判断故障。

运用直观法,不但可以确定简单的故障,还可以把较复杂的故障缩小到较小的范围。

2. 测量电压法

测量电压法是根据电器的供电方式,测量各点的电压值与电流值并与正常值比较。具体可分为分阶测量法、分段测量法和点测法。

3. 测量电阻法

测量电阻法可分为分阶测量法和分段测量法,适用于开关、电器分布距离较大的电气设备。

二、对比法

将检测数据与图纸资料及平时记录的正常参数相比较来判断故障。对无资料又无平时记录的电器,可与同型号的完好电器相比较。电路中的电气元件属于同样的控制性质或多个元件共同控制同一设备时,可以利用其他相似的或同一电源的元件动作情况来判断故障。

三、置换元件法

某些电路的故障原因不易确定或检查时间过长时,为了保证电气设备的利用率,可置换为同一相性能良好的元器件实验,以证实故障是否由此电器引起。

运用置换元件法检查时应注意,当把原电器拆下后,要认真检查是否已经损坏,只有肯定是由于该电器本身因素造成损坏时,才能换上新电器,以免新换元件再次损坏。

四、逐步开路(或接入)法

多支路并联且控制较复杂的电路短路或接地时,一般有明显的外部表现,如冒烟、有火花等。电动机内部或带有护罩的电路短路、接地时,除熔断器熔断外,不易发现其他外部现象。这种情况可采用逐步开路(或接入)法检查。遇到难以检查的短路或接地故障,可重新更换熔断器,把多支路并联电路,一路一路地逐步或重点地从电路中断开,然后通电试验。若熔断器再次熔断,故障就在刚刚断开的这条电路上。然后再将这条支路分成几段,逐段地接入电路。当接入某段电路时熔断器又熔断,故障就在这段电路及某电气元件上。这种方法简单,但容易把损坏不严重的电气元件彻底烧毁。

五、强迫闭合法

在排除电器故障时,经过直观检查后没有找到故障点而手上也没有适当的仪表进行测量,可用一个绝缘棒将有关继电器、接触器、电磁铁等用外力强行按下,使其常开触点闭合,然后观察电气部分或机械部分出现的各种现象,现象主要包括电动机从不转到转动、设备相应的部分从不动到正常运行等。

六、短接法

设备电路或电器的故障可大致归纳为短路、过载、断路、接地、接线错误、电器的电磁及机械部分故障等六类。诸类故障中出现较多的为断路故障,它包括导线断路、虚连、松动、触点接触不良、虚焊、假焊、熔断器熔断等。对这类故障除用测量电阻法、测量电压法检查外,还有一种更为简单可靠的方法,就是短接法。短接法是用一根绝缘良好的导线,将所怀疑的断路部位短接起来,如短接到某处,电路工作恢复正常,说明该处断路。短接法按具体操作可分为局部短接法和长短接法。

以上几种检查方法,要活学活用,遵守安全操作规章。对于连续烧坏的元器件应查明原因后再进行更换,测量电压时应考虑到导线的压降,不违反设备电气控制的原则,试车时手不得离开电源开关,并且应使用等量或略小于额定电流的保险,注意测量仪器的量程选择。

◀ 第三节　电工维修工具及使用 ▶

一、电工常用小工具

(1) 螺丝刀:分为十字螺丝刀、一字螺丝刀和其他形状的螺丝刀(如圆柱螺丝刀)。

(2) 钳子:分为尖嘴钳、虎口钳、斜口钳和剥线钳,如图 7-1 所示。

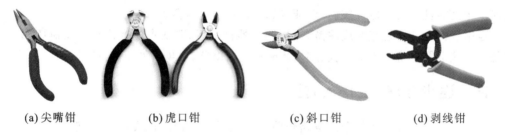

(a) 尖嘴钳　　　　(b) 虎口钳　　　　(c) 斜口钳　　　　(d) 剥线钳

图 7-1　钳子

尖嘴钳:主要用来夹小螺母,绞合硬钢线,其尖口作剪断导线之用。

虎口钳:主要作用与尖嘴钳的基本相同。

斜口钳:用于剪细导线或修剪焊接后各多余的线头。

剥线钳:主要用来快速剥去导线外面的塑料包线,使用时要注意选好孔径,切勿使刀口剪伤内部的金属芯线。

图 7-2　电工刀

(3) 电工刀:电工常用的一种切削工具,普通的电工刀由刀片、刀柄、刀挂等组成,如图 7-2 所示。不用时,把刀片收缩到刀柄内。刀片根部与刀柄相铰接,其上带有刻度线及刻度标识。前端形成有螺丝刀刀头,两面加工有锉刀面区域。刀刃上有一段内凹形弯刀口,弯刀口末端形成刀口尖,刀柄上设有防止刀片退弹的保护钮。电工刀的刀片汇集多项功能,使用时只需一把电工刀便可完成连接导线的各项操作,无须携带其他工具,具有结构简单、使用方便、功能多样等有益性能。

二、测量工具

（1）试电笔：常用的低压验电器是验电笔，又称试电笔，检测电压范围一般为 60～500 V，常做成钢笔式或改锥式，如图 7-3 所示。

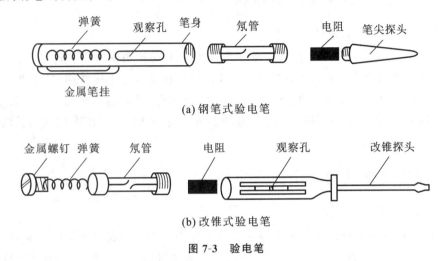

（a）钢笔式验电笔

（b）改锥式验电笔

图 7-3　验电笔

（2）万用表：主要用来测量交直流电压、电流及电阻、晶体管电流放大倍数等。现在常见的主要有数字式万用表（见图 7-4）和指针式万用表两种。

三、焊接工具

（1）镊子：用于夹住元件进行焊接。

（2）刻刀：用于清除元件上的氧化层和污垢。

（3）吸锡器：作用是把多余的锡除去，如图 7-5 所示。常见的有两种：①自带热源的；②不带热源的。

图 7-4　数字式万用表

图 7-5　吸锡器

（4）电烙铁：熔解焊锡进行焊接的工具。电烙铁爱好者一般使用 35 W 的内热式电烙铁，电烙铁初次使用时，首先应给烙铁头挂锡，以防烙铁头氧化后不上锡。挂锡的方法很简单,通电之前,先用砂纸或小刀将烙铁头端面清理干净,通电以后,待烙铁头温度升到一定程度时,将焊锡放在烙铁头上熔化,使烙铁头端面挂上一层锡。挂锡后的电烙铁,随时都可以用来焊接。

四、正确使用新电烙铁的步骤

(1) 用电烙铁焊接时,电烙铁接上电源。

(2) 等十几秒钟后用砂纸摩擦几次即时放入松香内,保护烙铁头不受氧化。

(3) 烙铁头沾上焊锡,保护其不被氧化。任何电烙铁都有三个接线端,其中两个与烙铁芯相接,用于连接 220 V 交流电源,另一个是接地保护端子,用以连接地线。为了安全起见,使用前最好用万用表检测一下烙铁芯是否断线或者混线,一般 20~30 W 的电烙铁的烙铁芯电阻为 1500~2500 Ω。

五、使用电烙铁的安全注意事项

简单来讲,应注意以下三点。

(1) 焊接前,应将元件的引线截去多余部分后挂锡。若元件表面被氧化不易挂锡,可以使用细砂纸或小刀将引线表面清理干净,用烙铁头沾适量松香后再用焊锡给引线挂锡。如果还不能挂上锡,可将元件引线放在松香块上,再用烙铁头轻轻接触引线,同时转动引线,使引线表面可以均匀挂锡。每根引线的挂锡时间不宜太长,一般以 2~3 s 为宜,以免烫坏元件内部,特别是给二极管、三极管引脚挂锡时,最好使用金属镊子夹住引脚靠近管壳的部分,借以传走一部分热量。另外,各种元件的引线不要截得太短,否则既不利于散热,又不便于焊接。

(2) 焊接时,把挂好锡的元件引线置于待焊接位置,如印制电路板的焊盘孔中或者各种接头、插座和开关的焊片小孔中,用沾有适量焊锡的烙铁头在焊接部位停留 3 s 左右,待电烙铁拿开后,焊接处形成一个光滑的焊点。为了保证焊接的质量,最好在焊接元件引线的位置事先也挂上锡。焊接时要确保引线位置不变动,否则极易产生虚焊。烙铁头停留的时间应适当,过长会烫坏元件,过短会因焊锡熔化不充分而造成假焊。

(3) 焊接完成后,要仔细观察焊点形状和外表。焊点应近似呈半球状且高度略小于半径,不应太鼓或者太扁。外表应该光滑均匀,没有明显的气孔或凹陷,否则容易造成虚焊或者假焊。在一个焊点同时焊接几个元件的引线时,更应该注意焊点的质量。

六、焊接操作的基本步骤

具体的焊接步骤如图 7-6 所示,共分为以下五个步骤。

1. 步骤一:准备施焊

左手拿焊锡,右手握电烙铁,进入备焊状态。要求烙铁头保持干净,无焊渣等氧化物,并在表面镀有一层焊锡。

2. 步骤二:加热焊件

烙铁头靠在两焊件的连接处,加热焊件,时间大约为 1~2 s。对于在印制电路板上焊接

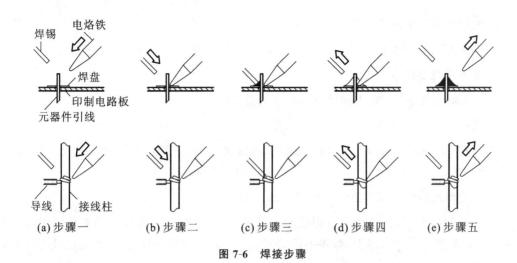

图 7-6 焊接步骤

元器件来说,要注意使烙铁头同时接触两个被焊接物。导线与接线柱之间、元器件引线与焊盘之间要同时均匀受热。

3. 步骤三:送入焊锡

焊件的焊接面被加热到一定温度时,焊锡从电烙铁对面接触焊件。

注意:不要把焊锡送到烙铁头上!

4. 步骤四:移开焊锡

当焊锡熔化一定量后,立即向左上 45°方向移开焊锡。

5. 步骤五:移开电烙铁

焊锡浸润焊件的施焊部位以后,向右上 45°方向移开电烙铁,结束焊接。从步骤三开始到步骤五结束,时间大约也是 1～2 s。

七、手工焊接操作的注意事项

1. 保持烙铁头的清洁

焊接时,烙铁头长期处于高温状态,很容易氧化并沾上一层黑色杂质。因此,要注意用湿海绵随时擦拭烙铁头,在长时间未使用时应在烙铁头上挂上锡,防止烙铁头氧化,造成无法粘锡。

2. 靠增加接触面积来加快传热

加热时,应该让焊件上需要焊锡浸润的各部分均匀受热,而不是仅仅加热焊件的一部分,更不要采用电烙铁对焊件增加压力的办法。

3. 电烙铁撤离有讲究

电烙铁的撤离要及时,而且撤离时的角度和方向与焊点的形状有关。

4. 在焊锡凝固之前不能动

在焊锡凝固前,切勿使焊件移动或受到振动,否则极易造成焊点结构疏松或虚焊。

5. 焊锡用量要适中

焊锡内部已经装有由松香和活化剂制成的助焊剂。

6. 助焊剂用量要适中

过量使用松香助焊剂,焊接以后势必需要擦除多余的助焊剂,并且延长了加热时间,降低了工作效率。当加热时间不足时,又容易形成"夹渣"的缺陷。

7. 不要使用烙铁头作为运送焊锡的工具

有人习惯使用烙铁头作为运送焊锡的工具进行焊接,结果造成焊料的氧化。因为烙铁头的温度一般都在 300 ℃以上,焊锡中的助焊剂在高温时容易分解失效,焊锡也处于过热的低质量状态。

8. 对焊点的要求

(1) 形状为近似半球状而表面稍微凹陷,以焊接导线为中心,对称成裙形展开,如图 7-7 所示。虚焊点的表面往往向外凸出,可以鉴别出来。

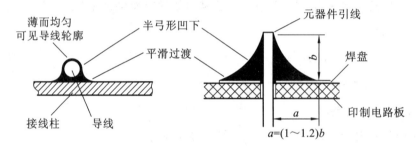

图 7-7　焊点形状

(2) 表面平滑,有金属光泽。

(3) 无裂纹、针孔、夹渣。

虚焊主要是由待焊金属表面的氧化物和污垢造成的(如插针上有胶、插针发黄),导致电路工作不正常,出现连接时好时坏的不稳定现象。造成虚焊的主要原因是:焊锡质量差;助焊剂的还原性不良或用量不够;被焊接处表面未预先清洁好,镀锡不牢;烙铁头的温度过高或过低,表面有氧化层;焊接时间掌握不好,太长或太短;焊接中焊锡尚未凝固时,焊接元件松动。

八、焊接用品

(1) 焊锡:内部装有松香和活化剂制成的助焊剂,应根据焊件选用合适的焊锡。

(2) 松香:除去氧化物的焊接用品。

(3) 镊子:主要用途是夹取微小元器件,在焊接时夹持焊件以防止其移动和帮助散热。

◀ 第四节　故障寻迹器 ▶

修理收音机、录音机、功放、组合音响等的放大电路时,应用故障寻迹器能快速、准确地判断出故障所在位置。它具有小巧、轻便、便于携带等特点,可作为电子爱好者的常备工具,其原理图如图7-8所示。用探头接触被测点,收到的电信号经电容 C_1 耦合到三极管 T_1 的基极,由 T_1 进行前置放大。放大后的信号经高频扼流线圈 L 传给三极管 T_2、复合管 T_3 和 T_4 组成的直接耦合式两级放大电路,由复合管的发射极输出,推动扬声器 Y 发出声响。当探头接触被测点而 Y 无声或声音失真时,说明该处电路有故障。

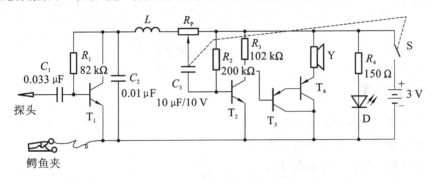

图7-8　故障寻迹器原理图

T_1、T_2 为高增益三极管9014,穿透电流要小,放大倍数大于80。T_3、T_4 为9012,放大倍数在50～100之间。电感 L、电容 C_2 构成高频滤波电路,L 选 10 mH 的色码电感。发光二极管 D 可任意选择。扬声器起监听作用,可选择 8 Ω/0.1 W 动圈式扬声器,R_P 是用来调节信号大小的,阻值选用 5.1 kΩ,要求和开关 S 联动。探头可用大号兽用注射针改制或用小型万用表表笔。其他元器件的参数如图7-8中标注所示,无特殊要求。

该电路中需要调整的部分是 T_1 和 T_2 的静态工作点。调整前首先将电位器 R_P 调节到适中的位置,选用一台信号发生器,频率在 800 Hz～1 kHz 之间。探头接触到信号发生器的输出端,将鳄鱼夹和信号发生器地线相连。若无信号发生器,可将探头触碰收音机功放前级三极管的集电极,鳄鱼夹接收音机电源负极或"地"。调节收音机调谐器时,从扬声器 Y 能听到广播的声音。

◀ 第五节　焊点测量仪 ▶

焊点的质量是电子产品制作的关键,除了进行一般的外观检查外,最好还要用仪器对焊点焊接质量进行检测。焊点测量仪可以用来检测焊接质量是否符合要求,检查电路是否通路。当焊点电阻小于 1 Ω 时,仪器发出声音。当开路或焊点电阻大于 1 Ω 时,仪器不发出声音,如图7-9所示。运算放大器 UA741 设计成一般的差动放大器,当测试探针 A、B 未接触测试点时,R_3 上的压降使运算放大器输出为负值,蜂鸣器不发出声音;反之,当探针两端电阻小于 1 Ω 时,同相端比反相端电位高,运算放大器输出正电压。由 IC 4093 等元件组成的振荡器工作,产生的音频电压信号使蜂鸣器发出声音。R_{P1}是用来调整发音的电位器,R_{P2}用于调节音量大小。

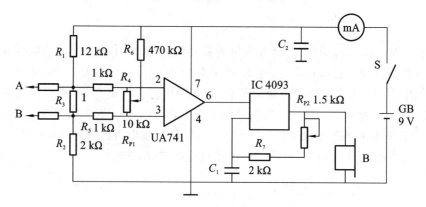

图7-9　焊点测量仪原理图

【思考与练习】

7-1　电工维修有哪些基本方法?

7-2　电工维修应注意哪些安全事项?

7-3　焊接操作的基本步骤是什么?

7-4　焊点测量仪的主要用途是什么?

第八章

日常用电应用举例

◀ 第一节　验电的技巧 ▶

低压验电笔是一种常用的电工工具,用于检查 500 V 以下导体或各种用电设备的外壳是否带电。现向广大读者介绍一些实用口诀,仅供参考。

1. 判断交流电与直流电

电笔判断交直流,交流明亮直流暗;交流氖管通身亮,直流氖管亮一端。说明:首先告知读者一点,使用低压验电笔之前,必须在已确认的带电体上检测;未确认验电笔正常之前,不使用。判别交、直流电时,最好"两电"之间做比较,这样就很明显。测交流电时氖管两端同时发亮,测直流电时氖管一端发亮。

2. 判断直流电正负极

电笔判断正负极,观察氖管要心细;前端明亮是负极,后端明亮为正极。测试时要注意,氖管前端指的是靠近验电笔笔尖一端,氖管后端指手握一端,前端明亮为负极,反之为正极。若人与大地绝缘,一只手摸电源任一极,另一只手持验电笔,验电笔金属头触及被测电源另一极,氖管前端发亮,则验电笔所触电极是负极;若是氖管后端发亮,则验电笔所触电极是正极,这是利用直流单向流动和电子由负极向正极流动的原理。

3. 判断直流电源正负极接地

电笔前端闪亮光,正极接地有故障;亮光靠近手握端,接地故障在负极。发电厂和变电所的直流系统是对地绝缘的,人站在地上,用验电笔去触及正极或负极,氖管是不应当发亮的,如果发亮,则说明直流系统有接地现象。若靠近笔尖的一端发亮,则是正极接地;发亮点在靠近手握的一端,则是负极接地。

4. 判断同相与异相

判断两线相同异,两手各持一支电笔,两脚与地相绝缘,两笔分别接触一根线,用眼观看一支笔,不亮同相亮为异。此项测试时,切记两脚与地必须绝缘。因为我国供电电压大部分是 380 V 和 220 V,目前变压器一般采用中性点直接接地,所以做测试时,人与大地之间一定要绝缘,避免构成回路造成误判断。测试时,两笔亮与不亮显示一样,故只看一支即可。

5. 判断 380/220 V 三相三线制供电线路相线接地故障

星形接法三相线,电笔触及两根亮,剩余一根亮度弱,该相导线已接地;若是几乎不见亮,金属接地的故障。说明:电力变压器二次侧一般都接成 Y 形(即星形),在中性点不接地的三相三线制系统中,用验电笔触及三根相线时,有两根比通常稍亮,而另一根的亮度要弱一些,则表示这根亮度弱的相线有接地现象,但还不太严重;若两根很亮,而剩余一根几乎看不见亮,则表示这根相线有与金属相连的故障。

除此以外,用验电笔检查线路和设备运行情况,既方便,又准确,能收到事半功倍的效果,现介绍给广大读者。

(1)区别市电火线和零线:验电笔触及导线,发亮的是火线,不发亮的是零线。

(2)检查设备是否漏电:用验电笔触及电气设备的壳体,若氖管发亮,即有漏电现象。

(3)粗估电压:一只经常由自己使用的验电笔,可以根据氖管发亮的强弱,粗略估计电压的高低,电压越高则氖管越亮。

(4)判断电源零线是否断线:合上开关,电器不能工作,用验电笔触及电器进线两端均发亮,说明零线已断。

(5)判断接触是否良好:验电笔氖管光线闪烁,可能是某接头松动,接触不良或电压不稳定。

(6)判断是否有高压:手持验电笔接近高压线外皮附近,氖管亮即有高压。

低压验电笔是电工常用的一种辅助安全用具,一支普通低压验电笔,可随身携带,把握验电笔原理,结合熟知的电工原理,灵活运用,技巧很多。

◀ 第二节　测量电压和电流的技巧 ▶

一、万用表介绍

1. 万用表的结构

万用表由表头、测量电路及转换开关等三个主要部分组成。

1)表头

万用表的表头通常为一只高灵敏度的磁电式直流电流表,万用表的主要性能基本上取决于表头的性能。表头的灵敏度是指表头指针满刻度偏转时流过表头的直流电流值,这个值越小,则表头的灵敏度越高。测电压时的内阻越大,其性能就越好。指针式万用表的表头上有四条刻度线,它们的功能如下:第一条(从上到下)标有 Ω,指示的是电阻值,转换开关在欧姆挡时,即读此条刻度线;第二条标有 ∽ 和 V$\underline{A}$,指示的是交、直流电压和直流电流值,当转换开关在交、直流电压或直流电流挡,量程在除交流 10 V 以外的其他位置时,即读此条刻度线;第三条标有 10 V,指示的是 10 V 的交流电压值,当转换开关在交、直流电压挡,量程在交流 10 V 时,即读此条刻度线;第四条标有 dB,指示的是音频电平。

2)测量电路

测量电路是用来把各种被测量转换成适合表头测量的微小直流电流的电路,它由电阻、半导体元件及电池组成,它能将各种不同的被测量(如电流、电压、电阻等)、不同的量程,经过一系列的处理(如整流、分流、分压等)统一变成一定量程的微小直流电流送入表头进行测量。

3）转换开关

转换开关（见图8-1）的作用是用来选择各种不同的测量电路,以满足不同种类和不同量程的测量要求,转换开关上标有不同的挡位和量程。

图 8-1 转换开关

2．万用表的使用

（1）熟悉表盘上各符号的意义及各个旋钮和选择开关的主要作用。

（2）进行机械调零。

（3）根据被测量的种类及大小,选择转换开关的挡位及量程,找出对应的刻度线。

（4）选择表笔插孔的位置。

（5）测量电压（或电流）时要选择好量程,如果用小量程去测量大电压（或电流）,则会有烧坏仪表的危险;如果用大量程去测量小电压（或电流）,那么指针偏转太小,无法读数。量程的选择应尽量使指针偏转到满刻度的2/3左右。如果事先不清楚被测电压（或电流）的大小时,应先选择最高量程挡,然后逐渐减小到合适的量程。

二、电压的测量

1．直流电压的测量

将黑表笔插进"COM"孔,红表笔插进"VΩ"孔,把转换开关置于比估量值大的量程（转换开关上的数值均为最大量程,"V—"表示直流电压挡,"V～"表示交流电压挡）,接着用表笔接电源或电池两头,如果是数字式万用表,数值可以直接从显示屏上读取,若显示为"1",则表示选择的量程过小,要加大量程后再测量;如果在数值左侧出现"－",则表示红表笔接的是负极。

2. 交流电压的测量

表笔插孔与测量直流电压时的一样,应当将转换开关打到交流电压挡并选择所需的量程。交流电压无正负之分,测量方法与前面大致相同。无论测交流还是直流电压,都要保证人身安全,不要随便用手触摸表笔的金属部分。

三、电流的测量

1. 直流电流的测量

先将黑表笔插入"COM"孔,若测量大于 200 mA 的电流,则要将红表笔插入"10 A"插孔并将转换开关打到直流 10 A 挡;若测量小于 200 mA 的电流,则将红表笔插入"200 mA"插孔,将转换开关打到直流 200 mA 以内的合适量程。将万用表串联接入电路中便可读数,如果是数字式万用表,若显示为"1",那么就要加大量程;如果在数值左侧出现"一",则表示电流从黑表笔流进万用表。

2. 交流电流的测量

测量方法与直流电流的测量方法相同,不过转换开关应当打到交流电流挡。测量终了后应将红表笔插入"VΩ"孔。

◀ 第三节　照明线路故障维修 ▶

一、短路问题

短路时,线路电流很大,熔断器迅速熔断,电路被切断。若熔断器熔体太粗,则会烧毁导线,甚至引起火灾。短路原因大多为接线错误,相线与零线相碰接;导线绝缘层损坏,在损坏处碰线或接地;用电器具内部损坏;灯头内部松动致使金属片相碰短路;房屋失修或漏水,造成线头脱落后相碰或接地;灯头进水等。因此,检修时,可利用试灯来检查短路故障,一般按以下步骤进行。

(1)首先将故障分支线路上的所有灯的开关断开,并拔下插头,取下插座熔断器;然后将试灯接在该分支线路总熔断器的两端(应取下熔断器的熔体),串联接入被测线路,随后合闸送电。如果试灯不发光,说明线路正常,应对每一只灯、每一个插座进行检查;如果试灯正常发光,说明该线路存在短路故障,要先找到故障点排除该线路故障,再对每一只灯、每一个插座进行检查。

(2)检查每一只灯时,可依次将每只灯的开关合上,每合一个开关都要观察试灯(试灯的功率与被检查的灯的功率应相差不大)是否正常发光(试灯接在总熔断器处)。当合上某只灯的开关时,若试灯发光,则说明故障存在于该灯上,可断电进一步检查;如果试灯不发光,则说明故障不在该灯上,可检查下一只灯,直至查出故障点为止。插座检查亦是如此。当然,也可用万用表的电阻挡在断电情况下进行电路分段检查来找出故障点。

二、开路问题

开路时,电路无电压,照明灯不亮,用电器不能工作。其原因有:熔断器熔断、导线断路、线头松脱、开关损坏、铝线端头腐蚀严重等。照明线路开路故障可分为全部开路、局部开路和个别开路 3 种。

1. 全部开路

这类故障主要发生在干线上,配电和计量装置以及进户装置中。通常,首先应依次检查上述部分每个接头的连接处(包括熔体接线柱),一般以线头脱离连接处这一故障最为常见;其次,检查各线路开关动、静触头的分合闸情况。

2. 局部开路

这类故障主要发生在分支线路范围内。一般先检查每个线头的连接处,然后检查分路开关。如果分路导线截面面积较小或是铝制导线,则应考虑芯线可能断裂在绝缘层内而造成局部开路。

3. 个别开路

这类故障一般局限于接线盒、灯座、灯开关,以及它们之间的连接导线的范围内。通常,可分别检查每个接头的连接处,以及灯座、灯开关和插座等部件的触点的接触情况(对于荧光灯,则应检查每个元件的连接情况)。

三、漏电问题

照明线路漏电的主要原因有:
(1)导线或电气设备的绝缘受到外力损伤;
(2)线路经长期运行,导致绝缘老化变质;
(3)线路受潮气侵袭或被污染,造成绝缘不良。

照明线路一旦出现漏电现象,不但浪费电能,而且还可能引起触电事故。漏电与短路的本质相同,只是事故发展程度不同而已,严重的漏电可能造成短路。因此,对照明线路漏电,切不可掉以轻心,应经常检查线路的绝缘情况。尤其是发现漏电现象时,应及时查明原因,找出故障点,并予以排除。通常,查找漏电点的操作分为以下四步。

(1)首先判断是否确实漏电。可用兆欧表摇测绝缘电阻的大小,或在总闸刀上接一只电流表,接通全部开关,取下所有灯泡,若电流表指针摆动,则说明存在漏电现象。指针摆动的幅度,取决于电流表的灵敏度和漏电电流的大小。确定线路漏电后,可按以下步骤继续进行检查。

(2)判断是相线与零线间漏电,还是相线与大地间漏电,或者二者兼而有之。方法是切断零线,若电流表指示不变,则是相线与大地间漏电;若电流表指示为零,则是相线与零线间漏电;若电流表指示变小但不为零,则是相线与零线间、相线与大地间均漏电。

(3)确定漏电范围。取下分路熔断器或拉开闸刀,若电流表指示不变,则说明总线漏电;若电流表指示为零,则为分路漏电;若电流表指示变小但不为零,则表明总线、分路均有漏电。

(4)找出漏电点。经上述检查,再依次拉开该线路灯具的开关,当拉到某一开关时,电流表指示返零,则该分支线漏电;若指示变小,则说明这一分支线漏电外,还有别处漏电;若所有灯具开关拉开后,电流表指示不变,则说明该段干线漏电。依次把故障范围缩小,便可进一步检查该段线路的接头以及导线穿墙处等是否漏电。找到漏电点后,应及时排除漏电故障。

出现上述几种故障时,只有进行具体的测量和分析,才能准确地找出故障点,判明故障性质,并采取有效措施,使故障尽快排除。

◀ 第四节　照明灯的维修 ▶

一、白炽灯的维修

图 8-2　白炽灯的外观

白炽灯的外观如图 8-2 所示,这种灯用耐热玻璃制成泡壳,内装有钨丝。泡壳内抽去空气,以免钨丝被氧化,或再充入惰性气体(如氩气等),减少钨丝受热升华。因钨丝所耗电能仅有一小部分转化为可见光,故发光效率低,一般为 10~15 lm/W。白炽灯主要由泡壳、灯丝、导线、感柱、灯头等组成。泡壳做成圆球形,制作材料是耐热玻璃,它把灯丝和空气隔离开,既能透光,又起保护作用。白炽灯工作的时候,泡壳的温度最高可达 100 ℃ 左右。灯丝是用比头发丝还细得多的钨丝做成的,呈螺旋形。看起来灯丝很短,其实把这种极细的螺旋形的钨丝拉成一条直线,这条直线竟有 1 米多长。白炽灯里的钨丝"害怕"空气,如果泡壳里充满空气,那么通电以后,钨丝温度升高到 2000 ℃ 以上,空气就会对它毫不留情地发动"袭击",使它很快被烧断,同时生成一种黄色

的三氧化钨,附着在泡壳内壁和灯内部件上。导线实际上由内导线、杜镁丝和外导线三部分组成。内导线用来导电和固定灯丝,用铜丝或镀镍铁丝制成;中间一段很短的红色金属丝叫杜镁丝,要求它同玻璃密切结合而不漏气;外导线是铜丝,任务就是连接灯头用以通电。

常见的白炽灯故障可能的原因如下。

(1) 灯泡不亮的原因:①灯泡钨丝烧断;②电源熔断器熔体熔断;③灯座或开关接线松动或接触不良;④线路短路。

(2) 合上开关,熔断器熔体立即熔断的原因:①灯座内线头短路;②螺口灯座内中心铜片与螺旋铜圈相碰短路;③线路发生短路;④电器发生短路;⑤用电量超过熔体容量。

(3) 灯泡忽明忽暗或忽亮忽熄的原因:①灯丝烧断,受振动后忽接忽离;②灯座或开关接线松动;③熔断器熔体接头接触不良;④电源电压不稳定。

(4) 灯泡发出强烈白光并瞬时或短时烧坏的原因:①灯泡额定电压低于电源电压;②灯泡钨丝有搭丝,使电阻减小,电流增大。

(5) 灯光暗淡的原因:①灯泡内钨丝升华,灯丝变细,电阻增大,电流减小,光通量降低;②电源电压过低;③线路年久失修,绝缘损坏,有漏电现象。

（6）灯丝易断的原因：①电源电压太高；②开闭频繁；③灯泡受到严重振动；④灯泡质量不佳；⑤安装灯泡时，将灯丝与灯泡头连接处的焊接线碰开，使其处于似接非接状态，灯丝受到断续电压冲击而烧断。

二、荧光灯的维修

荧光灯的整体电路如图 8-3 所示，其工作原理简述如下。当开关接通的时候，电源电压立即通过镇流器和灯管灯丝加到启辉器的两极，220 V 的电压立即使启辉器内的惰性气体电离，产生辉光放电。辉光放电的热量使双金属片受热膨胀，两极接触。电流通过镇流器、启辉器触极和两端灯丝构成通路。灯丝很快被电流加热，发射出大量电子。这时，由于启辉器两极闭合，两极间电压为零，

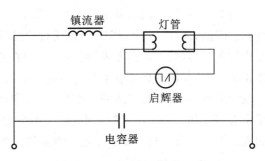

图 8-3　荧光灯的整体电路

辉光放电消失，灯管内温度降低，双金属片自动复位，两极断开。在两极断开的瞬间，电路电流突然切断，镇流器产生很大的自感电动势，与电源电压叠加后作用于灯管两端。灯丝受热时发射出来的大量电子，在灯管两端高电压作用下，以极大的速度由低电势端向高电势端运动。在加速运动的过程中，碰撞管内氩气分子，使之迅速电离。氩气电离生热，热量使水银产生蒸气，随之水银蒸气也被电离，并发出强烈的紫外线。在紫外线的激发下，管壁内的荧光粉发出近乎白色的可见光。

1．灯管不发光

1）故障原因

电路中有断路故障或灯座与灯脚接触不良；灯管断丝或灯脚与灯丝脱焊；启辉器与插座接触不良或其本身质量不佳；镇流器线圈断路。

2）排除方法

首先用试灯检查电路是否有电，如有电，则检查启辉器插座上有无电压。检查时，先取出启辉器，再将试灯与启辉器插座两接线端并接，通电后如试灯发暗红色光，说明电路中无断路点，只要换上质量好的启辉器，荧光灯即可发光；如果试灯不亮，则可能是灯座与灯脚接触不良，转动灯管使之接触良好。如仍无效，则应取下灯管，用万用表检查灯管两端灯丝的通断情况和镇流器的通断情况，检测它们的冷态直流电阻是否符合规定要求，以判断其好坏。

2．灯丝立即烧断

1）故障原因

电路接错；镇流器短路；灯管质量问题。

2）排除方法

检查电路接线，看镇流器是否与灯管灯丝串联在电路中，否则会因电流过大而烧毁灯丝。如接线正确，再用万用表检查镇流器是否短路，如短路，说明镇流器已失去限流作用，无疑要烧毁灯丝，应更换或修复后再使用；若镇流器未短路，通电后灯管立即冒白烟，随即灯丝

烧毁,说明灯管严重漏气,应更换新的灯管。

3. 灯管两端亮、中间不亮

1) 故障原因

灯管慢性漏气;启辉器插头与插座接触不良或启辉器本身有问题。

2) 排除方法

合上开关,灯管两端发出像白炽灯似的红光,中间不亮,灯丝部位没有闪烁现象,虽然启辉器在闪动,但灯管却不能启动,说明灯管慢性漏气,应更换新的灯管。如灯管两端发亮,取下启辉器后,灯管能正常发光,或者用导线在启辉器插座两个接点上短接一下,灯管启动并能正常工作,都说明启辉器本身有问题。把启辉器外壳打开,用万用表的欧姆挡测量与氖泡并联的电容器,测量时应断开一个焊点,若指针指向零位,说明电容器已击穿,应更换新的纸质电容器。如果当时没有新的电容,则可把击穿的电容器剪去,启辉器仍可使用,但对附近的无线电设备有干扰。如果氖泡内双金属片与静触点搭连,则应更换新的启辉器。

4. 灯管内有螺旋形光带(俗称"打滚")

1) 故障原因

灯管质量问题;镇流器工作电流过大。

2) 排除方法

新灯管接入电路后,刚点亮即出现"打滚"现象,说明灯管内气体不纯以及灯管在出厂前老化不够。遇到这种情况,只要反复启动几次即可使灯管进入正常工作状态。如新灯管点亮数小时后才出现"打滚"现象,反复启动也不能消除时,属于灯管质量问题,应更换灯管。若换上新灯管后仍出现"打滚"现象,则应用交流电流表串入镇流器回路,检查镇流器能否起到限流作用,如发现电流过大,就应更换新的镇流器或修复后再使用。

5. 灯管管端有微光

1) 故障原因

接线方式不对,开关漏电;新灯管的余辉现象。

2) 排除方法

首先检查荧光灯线路,看开关是否错接在中性线上,若接在中性线上,由于灯管与墙壁间有电容存在,会使灯管断电时仍有微光,当用手触摸灯管时,微光可能增强。这种情况只要将开关改接在相线上就可消除微光现象。如果改接后仍有微光现象,则应检查开关是否漏电。如发现开关漏电,一定要修复或换新,否则会严重影响灯管的使用寿命。有时新装的荧光灯电路正确,但在断开电路后仍可看见微弱的辉光,这是新灯管内壁荧光粉在温度较高时产生的余辉现象,不影响灯管的使用寿命。

6. 灯管两端发黑

1) 故障原因

灯管老化;荧光灯附件不配套;开、关次数过于频繁。

2) 排除方法

当灯管点亮时间已接近或超过规定的使用寿命时,灯管两端发黑是正常的,说明灯丝所涂的电子发射物质即将耗尽。发黑部位一般在离灯管两端50～60 mm范围内。此时,由于荧光灯的光通量已大幅度下降,应更换新的灯管。如新灯管使用不久两端严重发黑,则是由于灯丝上电子发射物质飞溅得太快,吸附在管壁上。此外,还应检查荧光灯开、关的次数是否频繁,因为荧光灯的启动电流很大,开、关次数过于频繁会加快灯管老化。

7. 镇流器有蜂音

1)故障原因

镇流器质量欠佳;安装不当引起与周围物体共振。

2)排除方法

镇流器是一个带铁芯的低频扼流线圈,通交流电时,由于电磁振动发出蜂音是正常的,但根据出厂标准,距离镇流器 1 m 处听不到这种噪声的为合格产品,当噪声超标时应更换新的镇流器。安装位置不当或松动会引起镇流器与周围物体共振,发出蜂音,只要在镇流器下垫一块橡胶材料紧固后即可解决。

8. 镇流器过热,绝缘胶外溢

1)故障原因

镇流器本身质量有问题;电源电压过高;启辉器有问题。

2)排除方法

先用交流电流表检查电路中的电流即镇流器的工作电流,如因镇流器短路而造成工作电流过大时,应更换新的镇流器或修复后再使用。若镇流器通过的电流符合标准范围,电源电压也不高,则应检查启辉器内的电容器是否被击穿,氖泡内部电极是否搭连。

三、LED 节能灯维修知识

50 多年前人们已经了解半导体材料可产生光线的基本知识,第一个商用二极管产生于 1960 年。LED 是英文 light emitting diode(发光二极管)的缩写,它的基本结构是一块电致发光的半导体材料,置于一个有引线的架子上,四周用环氧树脂密封,起到保护内部芯线的作用,所以 LED 的抗震性能好。发光二极管的核心部分是由 P 型半导体和 N 型半导体组成的晶片,在 P 型半导体和 N 型半导体之间有一个过渡层,称为 PN 结。在某些半导体材料的 PN 结中,注入的少数载流子与多数载流子复合时会把多余的能量以光的形式释放出来,从而把电能直接转换为光能。PN 结加反向电压,少数载流子难以注入,故不发光。这种利用注入式电致发光原理制作的二极管叫发光二极管,通称 LED。当它处于正向工作状态(即两端加上正向电压)时,电流从 LED 的阳极流向阴极,半导体晶体就发出从紫外到红外不同颜色的光线,光的强弱与电流有关。

1. LED 节能灯的检测流程

首先要排除假故障。关灯后节能灯有间歇性的闪光,这并不是灯的质量问题,主要是电工线路安装不规范,将开关设在零线造成的。只要把进线端的零线与火线调换一下即可。使用了带氖灯的开关,关灯后仍然能形成微流通路,或借线安装双联开关的,有时会造成关灯后有闪光的现象。维修 LED 节能灯时,为安全起见,应采取措施隔离变压器、隔离市电。

2. 谐振电容问题

LED 节能灯电路原理如图 8-4 所示,常见故障为谐振电容 C_6 击穿(短路)或耐压降低(软击穿),应换为耐压在 1 kV 以上的同容量优质涤纶电容或 CBB 电容。若灯管灯丝开路,若灯管未严重发黑,可在断丝灯脚两端并联 0.047 μF/400 V 的涤纶电容后应急使用。若

R_1、R_2 开路或变值(一般 R_1 故障的可能性较大),用同阻值的 1/4 W 优质电阻替换。若三极管开路,如发现只有一只三极管开路,不能只更换一只,而应更换一对耐压在 400 V 以上的同型号配对开关管,否则容易出现灯光"打滚"或再次烧管。若灯光闪烁不停,如灯管未严重发黑,检查 D_5、D_6 有无虚焊或开路,若 D_5、D_6 软击穿或滤波电容 C_1 漏液及不良,也会使灯光闪烁不停,灯难以点亮。有时用手触摸灯管能点亮或灯光"打滚",这可能是 C_3、C_4 容量不足、不配对。倘若单只小功率节能灯点亮后灯丝有发红或发光的现象,还应检查 $D_1 \sim D_4$ 有无软击穿,C_1 是否装反或漏电,电源部分有无短路等。扼流线圈 L 及振荡变压器 B 的磁芯有断裂时,如若单换磁芯,要注意三点:①使用符合要求的磁芯,否则可能使扼流线圈的电感值有较大出入,给节能灯埋下隐患;②磁隙不能过小,以免磁饱和;③磁隙间用合适的垫衬物垫好后,用胶粘剂粘上,并缠上耐高温阻燃胶带,以防松动。此外,对 B 的同名端不能接错。检修使用触发管的电子镇流器,应重点检查双向触发二极管,此管一般用 DB3 型,它的双向击穿电压为 (32 ± 4) V。

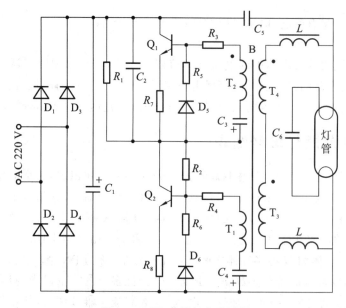

图 8-4   LED 节能灯电路原理

3. LED 节能灯有元件明显损坏的检修

如果熔断器没有熔断或进线处线路也没有烧断而电阻有明显损坏的,那么三极管必损无疑。这首先可能是灯管老化引起的,其次是使用环境差,另外可能是由 C_1 失去容量造成的。对于前两种情况,在更换电阻、三极管时,最好也更换配对的 C_3、C_4。对于后一种情况,C_3、C_4 不必更换,由于 C_1 工作在高压条件下,务必选用优质耐热电解电容器进行代换。

在熔断器熔断或进线处线路烧断且 C_1、Q_1、Q_2 完好的情况下,则必须逐个对 $D_1 \sim D_4$ 进行常规检查和耐压测试,或把 $D_1 \sim D_4$ 全部用优质品代换。若 C_1 爆裂,如伴有熔断熔断器、烧断进线的现象,应将 $D_1 \sim D_4$、C_1 全部更换。只有 Q_2 一侧的阻容件、三极管烧坏的,应重点检查 C_2 是否已击穿。若高频变压器 B 损坏,可用直径为 0.32 mm 的高强线在 10 mm×6 mm×5 mm 的高频磁环上绕制,T_1、T_2 各 4 圈,T_3 为 8 圈(注意头尾)。若灯管功率为 5~40 W,相应的扼流线圈 L 为 1.5~5.5 mH。

4. 少数电子节能灯对其他家用电器的干扰

可调整 L 的电感量或 C_2 的电容量,使其不干扰遥控电视机,又能安全工作。日常使用中,LED 节能灯不能在调光台灯、延时开关、感应开关的电路中使用,LED 节能灯应避免在高温高湿的环境中使用。另外,LED 节能灯与其他照明灯具一样,不宜频繁开和关。

◀ 第五节 荧光灯电子镇流器的检测与维修 ▶

一、电子镇流器的结构及原理

电感镇流器的缺点是体积和重量比较大,自身功耗大,有噪声。而电子镇流器具有低电压启辉、无频闪、无噪声、高效节能、开灯瞬间即亮的优点,因此电子镇流器有了更广阔的发展空间。电子镇流器实物图如图 8-5 所示。

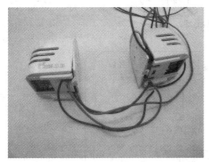

(a) 日光灯电子支架头

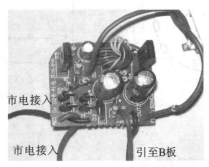
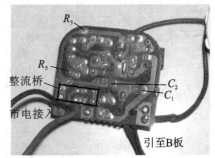

(b) 电子支架头A板

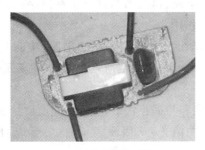

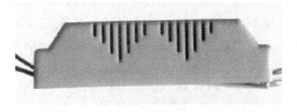

(c) 电子支架头B板   (d) 环形灯电子镇流器

图 8-5 电子镇流器实物图

根据实物绘制的电路原理图如图 8-6 所示。

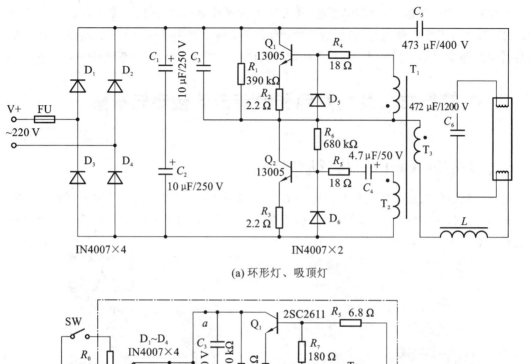

(a) 环形灯、吸顶灯

(b) 荧光灯

图 8-6　电子镇流器电路原理图

电子镇流器电路由整流滤波电路、功率开关与驱动电路、镇流器与灯丝负载回路三部分组成。现以图 8-6(a) 为例，说明组成电路的各个元件的作用。

（1）整流二极管 $D_1 \sim D_4$ 和滤波电容器 C_1、C_2 串联组成桥式整流滤波电路，功能是将 220 V 交流电经整流滤波后在 C_1、C_2 两端得到空载 310 V 的直流电压，为后面的高频逆变电路提供工作电压。

（2）功率三极管 Q_1、Q_2，作为开关管使用，工作于饱和与截止状态，其开关速度要快。

（3）电阻 R_1、R_6 是起振电阻，为 Q_2 初始导通提供偏置，从而激发 Q_1、Q_2 形成自激振荡。

同时电阻 R_1 与电容 C_3 并联组成降压启动电路，可在一定程度上减少过电压带来的损失。为保证电容 C_3 可靠工作,其耐压值应大于两倍的电源电压,C_3 耐压值为 630 V。

(4)二极管 D_5 和 D_6,其作用是保护三极管 Q_1、Q_2,并联在三极管基极和发射极之间,可以大大削弱电荷存储效应,从而提高三极管开关速度。

(5)变压器起信号互感耦合作用,它是由单股芯线 T_1、T_2、T_3 绕在磁环上形成的,由于开关管与其驱动电路部分是紧密联系、相互依存的,因此它们的参数之间的关系在生产过程中比较难确定。此电路中,T_1 为 3 圈、T_2 为 3 圈、T_3 为 5 圈。

(6)电容 C_4 并联接于 Q_2 的基极和发射极之间,可防止基极和发射极间电位突变,能在一定程度上保护三极管 Q_2。

(7)电阻 R_2、R_3、R_4、R_5 为保护电阻,用来保护三极管的,但是作用有限。

(8)电容 C_5 是启动电容,有隔直流、通交流的作用,阻止 310 V 的直流电压直接进入日光灯管,允许 20 kHz 的高频交流电压通过。

(9)扼流线圈 L、谐振电容 C_6 组成串联谐振电路,其作用是起辉日光灯管和限制灯管工作电流。

电子镇流器的基本功能是将 50 Hz 的工频电源转换成 20 kHz 的高频电源,而直接点亮日光灯管,其工作过程简述如下。接通电源后,经整流滤波后的 310 V 直流电压通过 C_3、R_1 并联电路再到 R_5 串联,给 Q_2 的基极提供一个窄电流脉冲使 Q_2 首先导通。在 Q_2 导通期间,电流流通路径为:$+V \rightarrow C_5 \rightarrow$ 灯管上端灯丝 $\rightarrow C_6 \rightarrow$ 灯管下端灯丝 $\rightarrow$ 扼流线圈 $L \rightarrow$ 变压器 $T_3 \rightarrow Q_2$ 的集电极 $\rightarrow Q_2$ 的发射极 $\rightarrow$ 地。形成回路,对谐振电容 C_6 充电。由于变压器的线圈 T_3 对 T_1 和 T_2 的感应耦合作用,T_1 上的感应电压将使三极管 Q_1 导通,而 T_2 上的感应电压将使 Q_2 截止。在 Q_1 饱和导通期间,电流流通路径为:谐振电容 $C_6 \rightarrow$ 灯管上端灯丝 $\rightarrow C_5 \rightarrow Q_1$ 的集电极 $\rightarrow Q_1$ 的发射极 $\rightarrow$ 变压器 $T_3 \rightarrow$ 扼流线圈 $L \rightarrow$ 灯管下端灯丝 $\rightarrow C_6$。该电流回路即为 C_6 的放电回路。借助于变压器的耦合作用,使三极管 Q_1、Q_2 交替导通,输出方波脉冲电压。此电压通过扼流线圈 L、灯管灯丝、C_6 组成的串联谐振电路,在 C_6 两端产生一个高压脉冲,将灯管中的汞蒸气电离击穿形成导电通路而将灯管点亮。电路起振后,电容 C_4 将通过二极管 D6 和三极管 Q_2 迅速放电,以防止 Q_2 无法退出饱和导通状态。当灯管被点亮后,其内阻急剧下降,该内阻并联于 C_6 两端,故 C_6 两端电压下降为正常的工作电压(约为 80 V),维持灯管稳定、正常发光。

二、电子镇流器的检修

本书总结出一些快速修理电子镇流器的方法如下。(以图 8-6(b)为例进行说明。)

1. 检修前的准备工作

电子镇流器用市电直接整流,然后进行半桥逆变,点亮灯管。它与市电不隔离,如同电视机的热底板,电路板上各处都带电,人体接触公共线(地线)都有触电危险,检修时要特别注意人身安全。加电后,切勿用手接触电路板上的任何金属部分,尤其不要双手拿电路板。检修时卸下灯管,从灯架两头的塑料罩中取出两块电路板 A、B,把灯丝弹簧片的四根接线依次焊到灯管两头的灯丝引脚上,在市电引入端接上开关 SW 和电源插头。接上 SW 是非常必要的,若去掉开关 SW,在直接加电的过程中,会多次损坏电子镇流器。这是因为插接过程中,往往会出现多次通、断的情况,这样会产生很高的尖脉冲电压,击穿易损元件。

2. 检修步骤

(1) 荧光灯最常见的故障是灯管不亮,开灯无任何反应。首先,测量 R_0 是否烧断。R_0 本身就是起保险作用的,一旦过流就会烧断,以免损坏更多的元件。有的镇流器在 R_0 处接的就是 0.5 A 的熔断器。若 R_0 烧断,必然存在过流故障。更换 R_0 时在 a 处断开,用指针式万用表×10 kΩ 挡测市电引线两端的电阻,应为 1 MΩ 以上(R_1+R_2);对调表笔测试,也应一样。若电阻比 1 MΩ 小得多,则 C_1、C_2 漏电。另外,在正常加电时,若这两个电阻值符合要求,则加电测 a、b 两点间的直流电压,应为大约 300 V。但如果一加电就烧断 R_0,说明整流电桥中有短路的二极管,应逐一测量 $D_1 \sim D_4$ 的正、反向电阻。整流二极管损坏的概率很小,而滤波电容损坏的概率较大,特别是在图 8-6(b)所示的电路中,C_1 和 C_2 串联使用,会引起连锁反应,一个电容击穿,另一个也随之损坏。更换时,最好选用耐压较高的电容。

(2) 在确定整流滤波电路良好后,再着手检查后面的电路。由于 a 处断开,用万用表×10 kΩ 挡测 a、b 两点间的电阻(红表笔接 b,黑表笔接 a),此值应大于 500 kΩ。若为∞,应检查 R_{10} 以及 Q_2 的 C、E 极间是否烧断;若在 470 kΩ 左右,则说明在 Q_2 的 C、E 极间严重漏电,甚至出现短路的问题。

(3) 确定 a、b 间电阻正确后,用万用表×1 kΩ 挡测 Q_1 和 Q_2 的两个 PN 结电阻,大致判断这两只三极管的性能。需注意的是,测 Q_1 的 PN 结电阻时,要断开 R_5,才能获得正确读数。

(4) 经过以上静态测量,检查完故障元件,把电路复原,仔细检查一下电路板上的焊点及元件有无短路、触碰、松动、断裂的地方。经校正无误后加电,大多数情况下,荧光灯都能恢复正常工作,但还可能出现以下故障,应逐一排除。

(5) 仍然出现过流,继续烧断 R_0。这主要是 Q_1 或 Q_2 的 C、E 极间耐压降低,存在高压软击穿,必须选用耐压足够的三极管更换。另外,C_3 或 C_5 的耐压不足,用万用表检查不出来,最好用 500 V 的摇表测量它的绝缘电阻,应为 0 Ω,否则视为漏电。

(6) 灯管两端发红,亮度明显不足。这时,首先用万用表的交流电压挡测灯管两端的电压,应为 100 V 左右。这仅为参考值,并非是实际值,因为灯管两端电压的波形并不是标准的正弦波,且频率在 20 kHz 以上,超过万用表的频响范围。若此电压低于 100 V 较多,可能是 Q_1 或 Q_2 的性能下降,导通程度不足。无示波器的情况下,用数字式万用表测两管的 B、E 极间电压,应约为 −0.7 V,若偏差太大,甚至为正值,说明管子未处在饱和导通状态,宜换管子试验,不要盲目调整电路。若灯管两端电压已达 100 V,仍然发光不正常,则说明灯管性能不佳。通常判定灯管好坏,只需检测其灯丝电阻,若灯丝未断,管内无大面积发黑,就视其完好。但是,劣质灯管虽其灯丝未断,管内无发黑的痕迹,但却不能正常使用。

(7) 灯管亮度不足,管内有螺旋状的光圈。这是因为流过灯管的电流小,其主要原因是 C_5 的容量下降太多,不妨在 C_5 两端并联一只 2.2 nF/630 V 的电容试试。各种牌号的电子镇流器中,谐振电容 C_5 的容量不一样,大致在 3~10 nF 之间,其容量过大或过小都会使灯管不能正常发光。

【思考与练习】

8-1　万用表可以测量哪些物理量?

8-2　荧光灯的主要故障有哪些?简述其修理方法。

8-3　简述电子镇流器的工作原理。

第九章

安全用电知识

◀ 第一节 居家用电安全 ▶

一、用电安全

1. 用电安全的重要性

认认真真、坚持原则，则发生事故是偶然的；马马虎虎、粗心大意，则发生事故是必然的。

电力是用途最广的能源，它可以点亮灯泡、启动电机，但它也能导致重大灾害。因此，我们必须正确地使用电力，方能做到确保安全。在设计、建造电力工程和安装电气设备时，最重要的工程因素就是要确保人体免受电力伤害。用电安全在电力设备的维修保养方面更是首要考虑因素——除了要防止触电事故外，也要防止因电力而导致的火灾。

2. 电气安全概述

电在造福于人类的同时，也会给人类带来灾难。统计资料表明，在工伤事故中，电气事故占的比例相当大。

以建筑施工死亡人数为例，2011 年，全国建筑施工触电死亡人数占其全部事故死亡人数的 7.34%。我国约每用 1.5 亿度电，触电死亡人数 1 人，而美国、日本等国约每用 20～40 亿度电，触电死亡人数 1 人。

据统计，电气火灾约占全部火灾的 20%，造成了巨大的人员伤亡和经济损失，已成为最大的火灾隐患。

二、电对人体的伤害

电对人体的伤害，主要来自于电流。电流对人体的伤害可分为两种类型：电伤和电击。电伤是电流的热效应、化学效应或机械效应对人体造成的局部伤害，如电灼伤、电烙印、皮肤金属化等。电击是电流通过人体内部，破坏人的心脏、神经系统、肺部等的正常工作造成的伤害。

人们在生产生活中总结出了以下安全用电知识。

（1）人体未与大地绝缘时，单手触碰火线，会造成单相触电，有较大电流，危险（见图 9-1）。

（2）一般情况下，36 V 以下的电压是安全的（见图

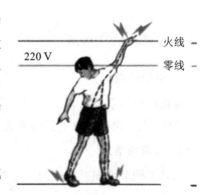

图 9-1　人体未与大地绝缘

9-2),但在潮湿的环境中,安全电压为 24 V,甚至在 12 V 以下。

(3) 人体与大地绝缘时,单手触碰火线,安全(见图 9-3)。

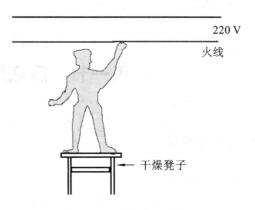

图 9-2　安全电压　　　　　　　　图 9-3　人体与大地绝缘

(4) 两手分别触碰火线和零线,有较大电流,危险(见图 9-4)。

(5) 人体靠近高压带电体时,易造成高压电弧触电,危险(见图 9-5)。

图 9-4　两手分别触碰火线和零线　　　　图 9-5　高压电弧触电

三、触电的方式

1. 单相触电

在低压电力系统中,若人站在地上接触到一根火线,即为单相触电,或称单线触电,如图 9-6 所示。人体接触漏电的设备外壳,也属于单相触电。

2. 两相触电

人体不同部位同时接触两相电源带电体而引起的触电叫两相触电,如图 9-7 所示。

图 9-6 单相触电

图 9-7 两相触电

四、居家用电安全

居家生活离不开电,每个家庭都有家用电器,居家用电安全很关键。电力与我们的生活密不可分,现代生活离不开电力。

1. 居家用电火灾

居家用电不慎,容易引起火灾,造成财产损失、人身伤害。主要原因如下。

(1)电线走火,乱接乱搭。

(2)家电使用不当,麻痹大意。

(3)线路老化短路,无漏电保护装置。

2. 家庭安全用电措施

随着家用电器的普及应用,正确掌握安全用电知识,确保用电安全至关重要。

(1)不要购买"三无"的假冒伪劣家用电器。

(2)使用家电时应有安全可靠的电源线插头。对金属外壳的家用电器都要采用接地保护。

(3)不能在地线和零线装设开关或熔断器。禁止将接地线接到自来水、煤气管道上。

(4)不要用湿手接触带电设备,不要用湿布擦拭带电设备。

(5)不要私拉乱接电线,不要随便移动带电设备。

(6)检查和修理家用电器时,必须先断开电源。

(7)家用电器的电源线破损时,要立即更换或用绝缘布包扎好。

(8)家用电器或电线发生火灾时,应先断开电源再灭火。

3. 家庭安全用电常识

每个家庭必须具备一些必要的电工器具,如验电笔、螺丝刀、钳子等,还必须具备适合家用电器使用的各种规格的熔断器。每户家用电表前必须装有总熔断器,电表后应装有总刀闸和漏电保护开关。任何情况下,严禁用铜、铁丝代替熔断器。熔断器的规格一定要与用电容量匹配。更换熔断器时要拔下瓷盒盖更换,不得直接在瓷盒内搭接熔断器,不得在带电情况下(未拉开刀闸)更换熔断器。烧断熔断器或漏电保护开关后,必须查明原因才能再合上电源开关。任何情况下,不得用导线代替熔断器或者压住漏电保护开关跳闸机构强行送电。

购买家用电器时,应认真查看产品说明书的技术参数(如额定频率、额定电压等),看其是否符合本地用电要求。要清楚耗电功率是多少,家庭已有的供电能力是否满足要求,特别是配线容量、插头、插座、熔断器、电表是否满足要求。当家用配电设备不能满足家用电器容量要求时,应予更换、改造,严禁凑合使用。否则,超负荷运行会损坏电气设备,还可能引起电气火灾。购买家用电器还应了解其绝缘性能:是一般绝缘、加强绝缘还是双重绝缘。如果是靠接地作漏电保护的,则接地线必不可少。即使是加强绝缘或双重绝缘的电气设备,作保护接地或保护接零亦有好处。带有电动机类的家用电器(如电风扇等),还应了解其耐热水平,是否长时间连续运行。要注意家用电器的散热条件。安装家用电器前应查看产品说明书对安装环境的要求,特别注意在可能的条件下,不要把家用电器安装在湿热、灰尘多或有易燃、易爆、腐蚀性气体的环境中。在设计室内配线时,火线、零线、地线应标识清楚,并与家用电器接线保持一致,不得互相接错。(参考火线、地线、零线的国家标准)。家用电器与电源连接,必须采用可开断的开关或插接头,禁止将导线直接插入插座孔。

凡要求有保护接地或保护接零的家用电器,都应采用三脚插头和三眼插座,不得用双脚插头和双眼插座代用,造成接地(或接零)线空挡。家庭配线中间最好没有接头,必须有接头时应接触牢固并用绝缘胶布缠绕,或者用瓷接线盒。禁止用医用胶布代替电工胶布包扎接头。导线与开关、刀闸、熔断器盒、灯头等的连接应牢固可靠,接触良好。多胶软铜线接头应绞合后再放到接头螺丝垫片下,防止细股线散开触碰另一接头造成短路。家庭配线不得直接敷设在易燃的建筑材料上面,如需在木料上布线必须使用瓷珠或瓷夹子,穿越木板必须使用瓷套管。不得使用易燃塑料和其他易燃材料作为装饰用料。接地或接零线虽然正常时不带电,但断线后如遇漏电会使用电器外壳带电;如遇短路,接地线亦通过大电流。为其安全,接地(接零)线规格应不小于相导线,在其上不得装开关或熔断器,也不得有接头。接地线不得接在自来水管上(因为现在自来水管接头堵漏用的都是绝缘带,没有接地效果),不得接在煤气管上(以防电火花引起煤气爆炸),不得接在电话线的引线上(以防强电窜弱电),也不得接在避雷线的引线上(以防雷电时反击)。所有的开关、刀闸、熔断器盒都必须有盖。胶木盖板老化、残缺不全者必须更换,脏污受潮者必须停电擦抹干净后才能使用。电源线不要拖放在地面上,以防电源线绊人,并防止损坏绝缘。家用电器使用前应对照说明书,将所有开关、按钮都置于原始停机位置,然后按说明书要求的开停操作顺序操作。如果有运动部件如摇头风扇,应事先考虑足够的运动空间。家用电器通电后发现冒火花、冒烟或有烧焦味等异常情况时,应立即停机并切断电源,进行检查。移动家用电器时一定要切断电源,以防触电。

发热电器必须远离易燃物料。电炉子、取暖炉、电熨斗等发热电器不得直接搁在木板上,以免引起火灾。禁止用湿手接触带电的开关,禁止用湿手拔、插电源插头,拔、插电源插头时手指不得接触插头的金属部分,也不能用湿手更换电器组件或灯泡。对于经常手拿使用的家用电器(如电吹风机、电烙铁等),切忌将电线缠绕在手上使用。对于接触人体的家用电器,如电热毯、电焗油帽、电热鞋等,使用前应通电试验检查,确定无漏电后才能接触人体。禁止用拖导线的方法来移动家用电器,禁止用拖导线的方法来拔插头。使用家用电器时,先插上不带电侧的插座,最后才合上刀闸或插上带电侧插座;停用家用电器则相反,先拉开带电侧刀闸或拔出带电侧插座,然后才拔出不带电侧的插座(如果需要拔出的话)。紧急情况需要切断电源导线时,必须用绝缘电工钳或带绝缘手柄的刀具。抢救触电人员时,首先要断开电源或用木板、绝缘杆挑开电源线,千万不要用手直接拖拉触电人员,以免连环触电。家用电器除电冰箱这类电器外,都要随手关掉电源,特别是电热类电器,要防止长时间发热造成火灾。严禁使用床上开关。除电热毯外,不要把带电的电气设备引上床,靠近睡眠的人体。即使使用电热毯,如果没有必要整夜通电保暖,也建议发热后断电使用,以保安全。家用电器烧焦、冒烟、着火,必须立即断开电源,切不可用水或泡沫灭火器浇喷。对室内配线和电气设备要定期进行绝缘检查,发现破损要及时用电工胶布包缠。在雨季前或长时间不用又重新使用家用电器时,先用 500 V 摇表测量其绝缘电阻,应不低于 1 MΩ,方可认为绝缘良好,可正常使用。如无摇表,至少也应用验电笔检查有无漏电现象。对经常使用的家用电器,应保持其干燥和清洁,不要用汽油、酒精、肥皂水、去污粉等带腐蚀性或导电的液体擦抹家用电器表面。家用电器损坏后要请专业人员或送修理店修理,严禁非专业人员在带电情况下打开家用电器外壳。

4. 家用电器安全用电具体防范措施

应当经常对家用电器进行安全检查,来预防和排除家用电器漏电问题。需要注意的是,在对家用电器进行安全检查的时候最好有两人在场,并做好安全防范工作包括穿上绝缘鞋,戴好绝缘手套,准备能正常工作的试电笔等。

洗衣机:洗衣机漏电是很危险的,当出现这种情况时,除非熟悉洗衣机的电路构造,并持有电工证,否则建议不要擅自改造或修理,应尽快切断洗衣机电源,并尽快与专业维修人员联系,进行维修。

电视机:应放在阴凉通风处,不要被阳光直晒,开机后不要用湿冷布接触荧光屏,以免显像管爆炸,不要带电打开盖板检查或清扫灰尘,电压过高或过低时不要开机。

电脑:要选用电脑专用插座,插头禁止三脚改两脚,用完关机,禁止长时间无人运行。

充电器:手机或其他电器充电充满后应拔掉插头,以免发生爆炸或短路事故,尽量少用兼容电池。

电熨斗:必须具有接地或接零保护,使用时或使用后不能立即放置在易燃物品上,用后应立即切断电源,严防高温引起火灾。

吸尘器:使用时注意电缆的挂、拉、压、踩,防止绝缘损坏;及时清除垃圾或灰尘,防止吸尘口堵塞烧坏电机;未采用双重绝缘或安全电压保护的应设置接地或接零保护。

电冰箱:应放置在干燥通风处,并注意防止阳光直晒或靠近其他热源;必须采用接地或接零保护,电源线应远离热源,以免烧坏绝缘造成漏电;避免用水清洗,不要存放挥发性易燃物品,以免电火花引起爆炸事故。

空调:使用前注意检查电源熔断器、电能表、电线,并取下进风罩,使进风口及毛细管畅通,以防内部冷媒不足导致空压机烧毁;必须采用接地或接零保护,热态绝缘电阻不低于 2 MΩ才能使用。

电热毯:应防止弄湿电热毯,减少折叠次数,避免折断电热丝,通电时间不能过长,使用完后,一定要拔掉电源插头。

电吹风机:电吹风机在通电使用时,人不能离开,更不能随手放置在台板、桌凳、沙发、床垫等可燃物上;电吹风机使用完后切记要将电源线从电源插座上拔下来;遇到临时停电或电吹风机出现故障,切记也要拔下插头。

五、触电后的应急措施

当有人触电后,其身边的人不要惊慌失措,应及时采取以下应急措施。

(1) 首先要赶快断开电源开关或拔掉电源插头,不可随便用手去拉触电者的身体。因为触电者身上有电,一定要先尽快脱离电源,才能进行抢救。

(2) 为了争取时间,可就地使用干燥的竹竿、扁担、木棍等拨开触电者身上的电线或电器用具,绝不能使用铁器或潮湿的棍棒,以防触电。

(3) 救护者可站在干燥的木板上或穿上不带钉子的胶底鞋,用一只手(千万不能同时用两只手)去拉触电者的干燥衣服,使触电者脱离电源。

(4) 人在高处触电,要防止脱离电源后从高处跌下摔伤。

六、居家用电发生火灾的处理措施

1. 发生火灾时的注意事项

切忌慌乱,判断火势来源,采取与火源相反的方向逃生。切勿使用升降设备(电梯)逃生。切勿返入屋内拿取物品。夜间发生火灾时,应先叫醒熟睡的人,并且尽量大声喊叫,以提醒其他人逃生。迅速关闭煤气来源开关。

2. 逃生中如何避免火、烟之危害?

以湿毛巾掩口鼻呼吸,降低姿势,以减少吸入浓烟。在无浓烟的地方,将透明塑料袋充满空气套住头,以避免吸入有毒烟雾或气体。若逃生途中经过火焰区,应先弄湿衣物或以湿棉被、湿毛毯裹住身体,迅速通过以免身体着火。烟雾弥漫中,一般离地面三十厘米仍有残存空气可以利用,可采用低姿势逃生,爬行时将手心、手肘、膝盖紧靠地面,并沿墙壁边缘逃生,以免迷失方向。火场逃生过程中,要一路关闭所有背后的门,这能减小火和浓烟的蔓延速度。

3. 火灾发生后如何防止烟从门缝进来?

利用胶布或湿的毛巾、床单、衣服等塞住门缝。

4. 当衣物着火时如何处置?

最好躺下或就地卧倒,用手覆盖住脸部并翻滚压熄火焰,或跳入就近的水池,将火熄灭。

5. 火灾时如果被困在室内如何待救?

到易获救处待救(如靠近马路的窗口附近或与入口较近的房间等);设法告知外面的人(用电话、手机通知 119 受困的位置,或直接以衣物、灯光于窗口呼救);防阻烟流进来。

6. 干粉灭火器的使用方法

将安全销拉开,将皮管朝向火点,用力压下把手,选择上风位置接近火点,将干粉射入火焰基部,熄灭后以水冷却除烟。

◀ 第二节　办公室用电安全 ▶

一、办公室用电注意事项

（1）用完电脑后关机、关显示器。

（2）禁止用劣质插线板。

（3）禁止长时间用充电器。

（4）禁止接触相关配电设备。

（5）不得使用大功率电器。

（6）打雷时，尽量不要用 ADSL。

二、水跟电的关系

室内电器要防水。所有电器都怕水，尤其是室内的用电设备。

（1）水可以导电。

（2）水可以降低绝缘材料的绝缘电阻。

（3）水可以直接导致用电设备烧坏。

◀ 第三节　工厂用电安全 ▶

一、工厂部分用电设备

工厂用电设备有变压器、高低压配电柜、发电机、动力设备、照明与排风设备等。

二、变配电室的环境和变配电设备的布置

（1）10 kV 及以下的变配电室，不应设置在低洼处和有可能经常积水的场所的正下方或相邻处，不应设置在有剧烈振动或高温的场所，不应设置在有火灾、爆炸危险的环境的正上方或正下方。

当变配电室与有火灾危险的建筑物毗邻时，共用的隔墙应是密实的非燃烧体，管道和沟道穿过墙或楼板处应用非燃烧性材料严密封堵。变配电室不宜设在多尘或有腐蚀性气体的场所，当无法远离时，不应设在污染源盛行风向的下风侧。

（2）高压配电室、高压电容器室和非燃（或难燃）介质的电力变压器室的耐火等级不应低于二级；低压配电室和低压电容器室的耐火等级不应低于三级，屋顶承重构件等级应为二级。

（3）变压器室、配电室、电容器室等应设置防止雨、雪和蛇、鼠类小动物从采光窗、通风

窗、门、电缆沟等进入室内的设施,应达到"四防一通"(即防火、防雨雪、防汛、防小动物及通风良好)的要求。

(4) 变配电室门应向外开;高低压配电室之间的门应向低压侧开;相邻配电室之间的门应能双向开启。

(5) 长度大于 7 m 的配电室应设两个出口,并宜布置在配电室的两端;配电装置的长度大于 6 m 时,其柜(屏)后通道应设两个出口;低压配电装置两个出口间的距离超过 15 m 时,相应增加出口。

(6) 变配电室内不应有与其无关的管道或线路通过;室内管道上不应设置法兰、螺纹接头和阀门等;水汽管道与散热器的连接应采用焊接;配电屏的上方不应敷设管道。

三、漏电保护装置的选用

1. 选用标准

防止人身触电事故,用于直接接触电击防护时,应选用额定动作电流为 30 mA 及以下的高灵敏度、快速型漏电保护装置,动作时间不要大于 0.1 s。

2. 需要安装漏电保护装置的场所

(1) 属于 I 类的移动式电气设备及手持电动工具。

(2) 生产用的电气设备。

(3) 施工工地的电气机械设备。

(4) 安装在户外的电气装置。

(5) 临时用电的电气设备。

(6) 机关、学校、宾馆、饭店、企事业单位和住宅等除壁挂式空调电源插座外的其他电源插座或插座回路。

(7) 游泳池、喷水池、浴池的电气设备。

(8) 安装在水中的供电线路和设备。

(9) 医院中可能直接接触人体的电气医用设备。

(10) 其他需要安装漏电保护装置的场所。

在企业生产中需要拖动的负载,85% 以上都是采用电动机来拖动的,这意味着生产中用电气设备来拖动的设备都得安装漏电保护装置,很多企业由于安装漏电保护装置不到位而引发了许多安全事故。

四、电气事故分类

1. 雷击事故

雷电是一种大气放电现象。雷击是指雷电发生时电流通过人、畜、树木、建筑物等而造成杀伤或破坏。

【案例 1】 黄岛油库火灾

1989 年 8 月 12 日,山东省青岛市黄岛油库由于雷击导致火灾爆炸,大火烧了 104 个小时才扑灭,死亡 19 人(其中消防人员 14 人),烧掉原油 3.6 万吨,油库区沦为一片废墟,直接和间接损失达 7000 万元。

这起事故是一起非常典型的雷击事故,事故的原因是油库的油罐由于年久失修,在雷击时感应放电,使得油罐上面的钢筋产生火花放电,点燃了油库上面散发的油气,从而导致了油罐的连锁燃烧。

雷暴时,由于带电积云直接对人体放电,雷电流入大地产生对地电压,以及二次放电等都可能对人造成致命的电击。防护措施如下。

雷暴时,应尽量减少在户外或野外逗留时间。如果有条件,可进入有宽大金属构架或有防雷设施的建筑物、汽车或船只内。

在建筑屏蔽的街道或高大树木屏蔽的街道停留时,要注意离开墙壁或树干 8 m 以上。

雷暴时,应尽量离开小山、小丘、隆起的小道,离开海滨、湖滨、河边、池塘,避开铁丝网、金属晒衣绳以及旗杆、烟囱、宝塔、树木,还应尽量离开没有防雷保护的小建筑物或其他设施。

雷暴时,人体最好离开可能传来雷电侵入波的线路和设备 1.5 m 以上。

调查资料表明,户内 70 % 以上对人体的二次放电事故发生在与线路或设备相距 1 m 以内的场合,相距 1.5 m 以上者尚未见死亡事故的发生。

应当注意,仅仅断开开关对于防止雷击是起不了多大作用的。雷雨天气,还应注意关闭门窗,以防止球雷进入户内造成危害。

2. 电气火灾爆炸

电气火灾爆炸是指由电气原因引燃的,或者由电火花和电弧所引发的火灾爆炸。

【案例 2】 日本原油油罐火灾

2006 年 1 月 17 日,日本爱媛县的太阳石油公司四国营业所的 10 万立方米原油储罐发生火灾,造成 5 人死亡,2 人受伤。

在日本,室外储罐火灾事故自 1975 年至今已经发生了 10 余起,大部分都造成了人员伤亡。

事故的起因是在清洁油罐的过程中,员工先用了一些比较清的油稀释了比较稠的油,然后用泵抽出,按照操作过程要求,应使用防爆的照明灯,但是当时使用的照明灯只是一个立式的支架照明灯,员工不小心碰倒了支架照明灯,于是引发了爆炸。

3. 电气误操作事故

电气误操作事故,一般来说,主要有以下五种恶性电气误操作事故:

(1) 带负荷拉(合)隔离开关(刀闸);

(2) 带电挂(合)接地线(接地刀闸);

(3) 带接地线(接地开关)合断路器或隔离开关;

(4) 误分、误合断路器(开关);

(5) 误入带电间隔。

4. 静电事故

静电事故是指人为的正负电荷形式的能量所引发的事故。在电气事故中,这种事故也是常常发生的。

例如,冬季气候干燥,脱毛衣后与人握手时,会有触电的感觉,甚至有时会看到一点点微小的火花,这都是静电造成的放电效应。

【案例 3】 加油站发生的事故

在一个自助式服务的加油站,需要加油的顾客要自己操作。有位顾客把油枪插入注油口加油,在加油快结束时,没想到突然一下油被点燃了,这就是由静电引起的起火事件。

原来,这位顾客在加油前,从座位上站起来的时候,车座和衣服相互摩擦产生了静电,而且这位顾客又整理了自己的毛衣,这时静电又进一步增强。结果,大量静电的积累必然要产生放电现象,这时去摸金属加油器,身体与金属之间就会产生放电,电火花就会把油气引燃。

5. 电磁辐射危害

电磁辐射危害是由电磁波形式的能量造成的,辐射电磁波泛指频率在 100 kHz 以上的电磁波。

一般广播、通信设备的电磁波频率为数百 kHz 到数千 MHz,例如手机,中国 GSM 系统运行在 900 MHz 上,CDMA 则运行在 800 MHz 和 1900 MHz 这两个频率上,新发展起来的WCDMA(3G)则运行在 2000 MHz 频率上。

【案例 4】 微波炉烘干宠物

一个美国家庭主妇,买了微波炉后,以为自己的宠物洗完澡,就可以用微波炉来烘干其毛发。于是她就把洗澡之后的宠物放进了微波炉,几分钟后,打开微波炉,她的宠物已经因加热而死亡。

6. 电路故障及事故

电路故障及事故主要是指电能失控,包括整个电流流通回路中的任何一个环节上的故障及事故。

从能量角度看,在整个电流通路回路之中,任何一个环节发生的事故或故障,都可以归到电路故障及事故中。电路故障及事故的危害也很严重,例如,即使一个小的灯泡的熄灭,也可能导致人的死亡。

【案例 5】 异常停电事故

2003 年 8 月 14 日,美国东北部和加拿大部分地区发生大面积停电事故,一度使美、加两国的 5000 万人陷入一片黑暗中,甚至机场都关闭运行,电话不通,给美国造成了数十亿美元的经济损失。美国总统布什在发生停电事件后发表讲话说,这是一起"重大的全国性问题"。

五、触电事故

触电事故分两大类,一类是电击,另一类叫作电伤。

1. 电击

电击是指电流直接通过人体产生的伤害。

1) 按照接触方式分类

按照接触方式的不同,电击可以分为以下两种。

(1) 直接接触电击。直接接触电击是指触及正常状态下带电的物体导致的触电。

(2) 间接接触电击。间接接触电击是指触及正常状态下不带电,而在故障状态下意外

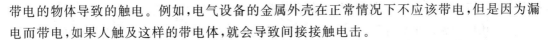

带电的物体导致的触电。例如,电气设备的金属外壳在正常情况下不应该带电,但是因为漏电而带电,如果人触及这样的带电体,就会导致间接接触电击。

2)按照电击时电路的结构分类

按照电击时电路的结构,电击可以分为以下三种。

(1)单线电击。单线电击是指人站在地面上,与一线接触而导致的触电,可以是直接的或间接的。

(2)两线电击。两线电击是指人与地面隔离,两只手各触一线而导致的触电,可以是直接的或间接的,可以是两相的,也可以是单相的。

(3)跨步电压电击。跨步电压电击是指电压传输过程中逐渐降低,两点间有电压差而造成的触电。

2.电伤

电伤主要是指电流形式的能量转化为其他能量而造成的伤害,例如电能转化为热能产生的烧伤,电能转化为机械能而造成的电气机械性伤害。最典型的是电弧烧伤,例如,10 kV(高压)触电情况下,烧伤的人体皮肤呈黑色,这就是电伤引起的皮肤金属化,这种危害有时会导致群死事件。

【案例6】 电弧烧伤

北京的三位师傅维修一个高压开关,这个高压开关是一种手车式开关柜,维修前应当把电路切断。然而三位师傅忘记关断电源,把这个开关(也叫断路器)拉出来,经正常检修后,再往回推的时候,便产生了一个大火球,这个火球导致三位师傅严重烧伤。

因为电弧的温度很高,可以达到数千度,最高可以达到 8000 ℃,三位师傅被烧伤的原因是他们在维修过程中,其中有一个师傅的扳手放在三相电路的电感器上面致使两相短路,而开关往回一推就造成了三相的短路。

3.电流对人体的作用

人本身如同一种电气设备,因为人的整个神经系统对电信号和电化学反应较为敏感,而电信号和电化学反应所涉及的能量是非常小的。

人体只需要非常小的电能,一旦电能偏大,系统功能很容易被破坏。例如,外界能量施加于人体后,心电图就会出现无规则的高频振动,大概每分钟可以达到上千次,这显然是电流作用于人体,能量大到一定程度后人的心脏电信号的指挥作用被干扰,完全失去正常的泵血功能。严重情况下,数分钟就会导致人的死亡。

4.电击致命原因

心室颤动,数秒至数分钟(6～8 分钟)会导致人死亡。

六、工厂安全用电的相关基本措施

(1)要想保证工厂用电的安全,落地扇、手电钻等移动式用电设备就一定要安装漏电保护开关。漏电保护开关要经常检查,每月试跳不少于一次,如有失灵,立即更换。熔断器熔断或漏电保护开关跳闸后要查明原因,排除故障后才可恢复送电。

(2)禁止使用铜线、铝线、铁线代替熔断器,空气开关损坏后立即更换,熔断器和空气开关的规格一定要与用电容量相匹配,否则容易造成触电或电气火灾。

(3) 用电设备的金属外壳必须与保护线可靠连接,单相用电要用三芯电缆连接,三相用电的用四芯电缆连接。保证户外与低压电网的保护中性线或接地装置可靠连接。保护中性线必须重复接地。

(4) 电缆或电线的驳口或破损处要用电工胶布包好,不能用医用胶布代替电工胶布,更不能用尼龙纸包扎。不要将电线直接插入插座内用电。

(5) 电器通电后发现冒烟、发出烧焦气味或着火时,应立即切断电源,切不可用水或泡沫灭火器灭火。

(6) 不要用湿手触摸灯头、开关、插头、插座和用电器具。开关、插座或用电器具损坏或外壳破损时应及时修理或更换,未经修复不能使用。

(7) 厂房内的电线不能乱拉乱接,禁止使用多驳口和残旧的电线,以防触电。

(8) 电炉、电烙铁等发热电器不得直接搁在木板上或靠近易燃物品,对无自动控制装置的电热器具,用后要随手关断电源,以免引起火灾。

(9) 发现有人触电,千万不要用手去拉触电者,要尽快切断电源开关或用干燥的木棍、竹竿挑开电线,立即用正确的人工呼吸法进行现场抢救。

(10) 电气设备的安装、维修应由持证电工负责。

七、触电事故基本对策及相关概念

1. 直接接触电击防护

直接接触电击是指触及了正常情况下就带电的带电体而引发的触电事故,最典型的是插座板坏了,里边火线插座的金属部分带电所产生的触电。

直接接触电击的基本防护原则:应使危险的带电体不会被有意或无意触及,也就是把带电体好好防护起来,不让人轻易接触到,具体包括绝缘、屏护和间距。

1) 绝缘

绝缘是指用绝缘物将带电体封闭起来。例如,导线外部包有绝缘材料。

电气设备很多地方都要有绝缘,电气工程师利用绝缘物来约束电流的路径。

2) 屏护

屏护是指采用护栏、护罩、护盖、箱匣等隔绝带电体。例如,通过护栏、护罩或者一些能够起到隔绝带电体作用的物体,在人和带电体之间形成隔离。

3) 间距

间距是指人与带电体、带电体与带电体、带电体与地面(水面)、带电体与其他设备之间必要的安全距离。例如,电压比较高的时候,如果靠得比较近,容易产生放电。

在人与带电体、带电体与带电体、带电体与地面(水面)、带电体与其他设备之间保持距离,就可以起到安全防护的作用。例如,车辆行驶的道路上方的电源线就必须考虑车辆通过的时候不能被剐蹭。

2. 间接接触电击防护

间接接触电击是指触及了正常情况下不带电、故障情况下意外带电的物体所引发的触电事故,最典型的是设备金属外壳意外带电而导致的间接接触电击。防止间接接触电击的防护技术措施通常是保护接地和保护接零。

3.漏电保护

漏电保护是指利用漏电保护装置来防止电气事故的一种安全技术措施。漏电保护装置,又称为剩余电流装置,简称 RCD(residual current device),它是一种低压安全保护电器。

漏电保护装置分为电压型和电流型两种,由于技术的发展,电压型逐渐被淘汰了,现在主要都是电流型,就是剩余电流装置,一直叫漏电保护装置,实际上说得不是太贴切,这个装置是一种低压的安全保护电器,它是防止触电事故和电器漏电引起火灾的装置。

4.0 类设备

0 类设备是指仅靠基本绝缘作为防触电保护的设备,当设备有能触及的可导电部分时,该部分不与设备固定布线中的保护(接地)线相连接,一旦基本绝缘失效,则安全性完全取决于使用环境。

0 类设备的保护性较差,而且想附加上一些保护装置也很难,它的外壳一般没有留下任何可以连接的端子,这种设备现在已经很少了。

◀ 第四节　节约用电 ▶

电力是工业之母,是经济发展的命脉,具有方便、高效率、清洁、容易控制等优点,在生产制造业中是动力、照明等不可缺少的主要能源,因此电费已经成为生产成本的一部分。

一、节约照明用电

合理的照明可以提高工作效率,增加产量与改善质量。采用以下方法可节约照明用电。

(1)多开窗户,充分利用自然光。

(2)降低灯具高度以减少盏数,并保持原来的照度。灯具与工作面之间的距离降低为原来的一半,照度就可提高四倍。

(3)需要高照度的工作区域或设备,采用局部照明。

(4)选用高效率灯具。

(5)养成随手关灯的好习惯。

(6)灯具的反射灯罩及下部的透明盖板应至少每年清洗两次。

(7)日光灯使用两年后,虽未出现故障,仍可使用,但如其两端发黑,说明效率已下降,宜更换新品。

二、提高电动机的使用效率

1.换用适当容量的电动机

一般电动机在负载率为 $75\% \sim 100\%$ 时运转效率最高,使用容量太大的电动机,不但投资费用高而且耗电量也大,换用适当容量的电动机可提高效率,节省电费支出。

2. 淘汰旧电动机

近年来,国内制造电动机的技术和材料都有很大的进步,电动机效率普遍提高,所以应考虑淘汰用了 10 年以上的旧电动机,更换新的高效率电动机。

3. 避免电动机的空转

电动机在空载时的耗电量也会高达额定负载时耗电量的 10% 左右,所以每次空载时间较长时应考虑设置程序控制或变速控制装置。

一般电动机空载的损失,以额定功率为 3.7 kW 的电动机为例,经实测空载电力损失为 0.44 kW,如一年运转 300 天,一天中有一小时空载,则一年的电力损失就有 132 度。

三、提高功率因数

功率因数的提高,使无功功率减小,可以降低电网输电时的热损耗。用户电表的全称是单(三)相有功功率电能表,计量的是有功电能。供电单位是对装有电容补偿柜的用户有奖励措施的。一般要求功率因数在 0.95 以上。

四、提高变压器的效率

1. 采用高效率变压器

购买变压器时,选择无载损(铁损)、负载损(铜损)较小及效率较高的变压器。

2. 停用时切断高压侧电源

季节性的负载,在停止运行期间,以及休假停工时,停用的变压器宜切断高压侧电源,以减少铁损。

3. 选择合适负载运行

一般变压器满载铜损与铁损之比等于 3,而负载率为 57.7% 时效率最高,除可节省电费并减少电力损失外,还可稳定电压,提高用电质量。因此负载率维持在 50%～65% 之间运行最为理想。

可停用负载太小的变压器,将该负载接到其他可供利用的变压器上;若使用三台单相变压器供给三相电源,可将其中两台改成 V-V 接线供电,而停用一台;若负载太大时,需考虑换用大容量变压器或增加变压器组。

五、合理使用空调系统

根据数据显示,大部分企业的空调用电量日益升高,因此,做好空调节能以降低电费支出是一般用户普遍关注的问题,有效的空调节能措施如下。

1. 采用新式省电设备及系统

高效率水泵系统(见图 9-8)、全热交换器、储冷式空调系统及吸收式空调系统、瓦斯引擎热泵等,具有省能、储冷、废热利用的功能,为近年来逐渐风行的有效节能空调系统。

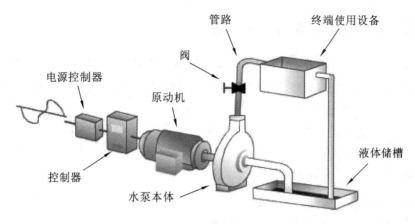

图 9-8 水泵系统

2. 中央空调系统的设备节能管理

（1）冰水主机、水泵等设备应随时配合负载情况调整为适当的容量与台数。

（2）交换器（冷凝器及蒸发器）内的铜管常有结垢现象，以及冷却水塔的散热片因水质不良而结垢，影响散热效果，宜定期清除。

（3）风管水管系统，管路宜短，减少弯头，尽量选用阻抗较小的管阀件。

（4）台湾电力公司实施夏季中央空调主机每运转 60 分钟暂停 15 分钟的周期控制，除可节省用电外，亦可获电费扣减优惠。

六、一般空调的节电方法

（1）用 EER 值（空调器的制冷性能系数，也称能效比）高的冷气机。EER 值越高，表示空调吸收较多的热量时压缩机所耗的电能较少，也就是花较少的电费得到更好的制冷效果。

（2）装设恒温控制器。室内温度以设定于 26～28 ℃之间为宜，温度设定每提高 1 ℃就可省下约 6％的电力。

（3）冷气机不要装在日光直射的地方。室外温度高，散热器的散热效果就不好，消耗的电力亦增加。

（4）冷气机上方加装日光遮蓬。可避免日光直接照射，使机身热度降低，效率提高，用电量减少。

（5）清洗冷气机空气过滤网。过滤网灰尘附着过多会妨碍空气流通，浪费电力，至少每两周清洗一次。

（6）房间不要受阳光直射。室内受阳光直射或从窗口进入的热量会增加冷气机负荷，可用窗帘、百叶窗等防止日光直射，调节房间的光线，效果最好。

（7）选用较好的隔热材料。由于室内外的温度差，使大量的热量经由天花板、外壁、地板及门缝隙侵入房间，良好的隔热可节省约 35％的电费。

（8）其他方法。使用浅色外墙涂料或房门加装空气帘，亦可达到节约用电的效果。

七、妥善保养用电设备，防止故障

现代化的生产设备出现故障，不仅需要负担设备的修复费用，还有生产中断、质量降低、市场信誉受损等损失。电气设备为现代化生产设备的神经中枢，所以平常应经常保养点检维修，以降低突发事故所带来的损失。

一般电气设备装置的使用应注意以下事项。

（1）避开高温的地方。

（2）避免尘埃、湿气、腐蚀性气体侵入。

（3）避开易燃性、振动激烈的地方。

（4）避免其他电气设备绝缘劣化引起故障。

八、合理利用低廉的谷电价

时间电价（峰谷电价）是反映不同供电时间不同供电成本的计价方式。

由于各段时间供电成本不同，高峰（尖峰）时段供电成本高，谷时段供电成本低，为合理反映成本，促进电能的有效利用，时间电价因而产生。

目前执行的尖峰电价是在平时段电价的基础上上浮 70％；峰电价是在平时段电价的基础上上浮 50％；谷电价是在平时段电价的基础上下浮 50％。

尖峰时段：19：00—21：00。

峰时段：8：30—11：30；14：30—17：30。

谷时段：23：00—7：00。

可配合采取的措施如下。

（1）装设储冷式空调系统。利用夜间谷时段运转冷冻压缩机，制冰储存于储冰槽，再于日间高峰（尖峰）时段将储存的冰融解，供空调系统使用。

（2）调整制程。将部分生产过程改到峰时段或谷时段作业，以减少电费支出。

（3）工厂设备的维护检点工作尽量安排在峰时段及尖峰时段，大修尤其应安排在高峰时段。

（4）调整作息时间，例如星期日或节假日从事生产，而周一至周六择日休假。

九、装设电力需量监视控制系统

装设电力需量监视控制系统，可有效控制最高负载，当用电负载将超过契约负载时，自动紧急切断与生产无直接关系的负载，如冷气设备压缩机、抽水机、部分照明等，以有效控制用电最高需量，以减少电费。

该系统具有以下特点。

（1）有多种数据可同时显示及自动打印记录，如目标电力值、日最大电力值、预测电力值、调整电力值、视在电力值等，以了解用电情况。

（2）有初期警报、控制警报、高负载警报及装置故障异常警报等指示，可切断部分负载。

（3）有多回路的负载控制，可由手动或自动方式来控制，并采用优先级控制及循环控制方式。

（4）可进行远距离的用电监视及控制。

【思考与练习】

9-1 简要回答电击和电伤有什么不同。

9-2 简要回答触电的方式有哪些。

9-3 居家用电火灾发生的主要原因有哪些？

9-4 办公室用电注意事项有哪些？

9-5 工厂安全用电应采取哪些措施？

9-6 节约用电应采取哪些方法？

参考文献 CANKAOWENXIAN

[1] 张若愚.电工测量技术[M].北京:中国电力出版社,2007.

[2] 陈立周.电气测量[M].3 版.北京:机械工业出版社,2004.

[3] 张天富.电子产品装配与调试[M].北京:电子工业出版社,2012.

[4] 张渭贤.电工测量[M].2 版.广州:华南理工大学出版社,2004.

[5] 陈惠群,陈俊民.实用电工测量技术[M].沈阳:辽宁科学技术出版社,2011.

[6] 龙竞云.电工仪表与测量[M].2 版.北京:中国劳动出版社,1994.

[7] 孙平.电气控制与 PLC[M].北京:高等教育出版社,2006.

[8] 王建,赵金周,李文惠.实用电气故障查找技术[M].沈阳:辽宁科学技术出版社,2011.

[9] 苏家健.自动检测与转换技术[M].北京:电子工业出版社,2006.

[10] 夏大勇,周晓辉,赵增,陈博峰,虎恩典.MCS-51 单片机温度控制系统[J].工业仪表与自动化装置,2007(1).